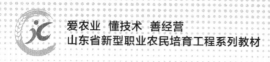

爱农业 懂技术 善经营
山东省新型职业农民培育工程系列教材

农村政策法规

赵 冰 主编

中国农业科学技术出版社

图书在版编目（CIP）数据

农村政策法规／赵冰主编．—北京：中国农业科学技术出版社，2017.9

山东省新型职业农民培育工程系列教材

ISBN 978-7-5116-3228-9

Ⅰ.①农… Ⅱ.①赵… Ⅲ.①农业政策-中国-技术培训-教材②农业法-中国-技术培训-教材 Ⅳ.①F320②D922.4

中国版本图书馆CIP数据核字（2017）第221046号

责任编辑 徐 毅
责任校对 贾海霞

出 版 者 中国农业科学技术出版社
　　　　　北京市中关村南大街12号 邮编：100081
电 　 话 （010）82106636（编辑室）　　（010）82109702（发行部）
　　　　　（010）82109709（读者服务部）
传 　 真 （010）82106631
网 　 址 http://www.castp.cn
经 销 者 各地新华书店
印 刷 者 北京建宏印刷有限公司
开 　 本 850mm×1168mm 1/32
印 　 张 4.625
字 　 数 120千字
版 　 次 2017年9月第1版 2019年8月第2次印刷
定 　 价 16.00元

《农村政策法规》
编 委 会

主　编　赵　冰

副主编　王　淼　尹燕思　林德荣
　　　　甄俊兰

编　者　蒋永涛　张荣荣　于　飞
　　　　李文姗　胡希平　张　敏
　　　　袁　琳　吕红龙　张　英
　　　　王洪滨　王　阳　田玉智

前　　言

当前，我国农业农村发展进入新常态，如何应对农业兼业化、农村空心化、农民老龄化，解决谁来种地、怎样种好地等一系列的问题，亟须加快构建新型农民经营体系，亟须大力培育新型职业农民，亟须提供相关政策支持与保障。

《农村政策法规》一书，是为了配合山东省新型职业农民培育工程的顺利实施，以全面提升农民的综合素质、职业技能和农业生产经营能力为目标，为全省开展新型职业农民培训提供优质的教学资源。本书可作为新型职业农民培育工程的培训指导教材，亦可以作为农民培训教育工作者的参考用书。

本书本着实用、够用和易学易懂的原则，围绕当前我省农村农业有关政策法规等方面进行汇总编写。鉴于广大基层农民这一特殊受众群体，重点围绕农业"三项补贴"、"农业保险"、"农村土地承包经营"和"土地确权登记"等方面进行解析和说明。内容通俗易懂，生动活泼，理论实践相结合，并配有大量的真实案例，具有很好的可读性和可操作性，便于学习，利于激发读者学习兴趣。

此书在编写过程中，参考引用了大量专家学者观点和法律法规条文，并得到了各级农业部门及山东省农广校体系内专家、老师的大力支持，在此表示衷心的感谢。由于编者水平有限，书中难免有不当之处，敬请各位专家同仁批评指正。

编　者

2017 年 8 月

目　　录

模块一：农村政策法规

经济发展中的农业农村农民问题，是改革发展稳定和社会主义现代化建设的重要问题。党中央、国务院和山东省省委、省政府一直高度重视"三农"问题。进入 21 世纪以来，中央提出了解决"三农"问题的一系列新思想新观点新论断，并连续发出了 13 个中共中央国务院一号文件（简称中央一号文件，全书同），制定了一系列强农、惠农、富农政策，形成了完整系统的政策体系。

一、关于国家出台一系列农村政策的背景

国家加大对农业农村发展的支持保护力度，出台一系列强农、惠农、富农政策，主要基于以下考虑。

（一）农业是国民经济的基础

农业是人类的衣食之源、生存之本。农业不仅要为社会提供粮食、食物，还要为工业提供原料、市场、劳动力。一般认为，农业对于国民经济发展有"四大贡献"。

1. 产品贡献

农业为城乡居民提供以粮食为代表的多种多样的食品以保障劳动力的维持和再生产，从而保障整个国民经济的发展。我国人口众多，"吃饭"问题是个大问题。农业的最大现实是用占世界不足 9% 的耕地，养活世界近 1/5 的人。如果粮食等主要农产品不能自给，一旦国际国内局势发生变化，就会陷入被动。从 1978—2012 年，我国粮食产量增长了 93%。到 2014 年全国粮食已连续十一连

增，山东省已连续十二连增。但是粮食供给奇迹般的增长，却仍然赶不上消费的增长。目前，虽然我们基本粮食的自给率仍然在97%以上，但如果算上大豆，自给率则低于90%，而所有农产品的自给率大约在80%左右。1994年美国学者布朗提出"谁来养活中国"，在国际国内引起巨大反响。习近平总书记在2013年中央农村工作会议上明确指出，中国人的饭碗任何时候都要牢牢端在自己手上，我们的饭碗应该主要装中国粮。"谁来养活中国"，始终要靠我们自己，要靠现代农业的长足发展。

2. 要素贡献

农业为国民经济发展提供土地、劳动力和资金三大生产要素。土地首先是农业生产必不可缺的基本生产资料，同时，也是非农部门必不可缺的生产资料。除了利用荒地和位置、质量很差难以用于农业的土地外，非农部门的发展所需要的新增土地，只能来自于农业生产率的提高而提供的富余土地。农业提供劳动力，是农业发挥其推动国民经济发展作用的最强有力的部分，是农业劳动生产率提高的结果，是农业逐渐走向现代化的结果。农业提供资金，主要是通过3个渠道：以纳税的形式直接向政府提供资金、工农产品价格"剪刀差"（即在工农业产品交换中，工业产品价格高于其价值、农产品价格低于其价值所造成的差额）、农村储蓄资金流向比较利益高的非农部门等。

3. 市场贡献

农业（和农村）是工业产品的消费市场并向市场提供农产品。农业是工业品的巨大市场，尤其是随着农业现代化的加快，农业对现代化生产资料的需求与日俱增，农民随着收入的不断增加，对工业消费品的需求也日益增加。

4. 外汇贡献

出口农产品为国民经济发展赚取外汇。20世纪50—60年代，出口农产品是我国获取外汇的最主要的源泉。有资料显示，1949—2000年的52年间，农民给国家贡献了3 500亿千克粮食，贡献了近 4 000 亿元农业税；1953—1983 年，农业通过剪刀差给国家贡献 6 000 亿元；改革开放以来，通过土地给国家贡献了几万亿，通过农民工给国家贡献了几万亿。我国农业对国民经济发展和现代化建设的贡献是巨大的，农业基础地位能否巩固，农业发展能否满足国民经济发展需求，事关国民经济发展大局、事关社会的安定和谐、事关每个人的切身利益。因此，我们任何时候都不能放松农业这个基础。

（二）农业具有弱质性特点

农业的弱质性主要体现在 3 个方面：一是对自然环境依赖度高，抵御自然灾害的能力低。目前，我国农业基础条件仍然比较薄弱，生产以手工劳动为主，靠天吃饭的状况还没有根本改变，随时会受到极端天气、干旱、洪涝、病虫害等影响。山东省自古有"十年九旱"之说，清王朝存续 268 年，山东省有干旱记录的就有 207 年。2015 年上半年，山东省旱情持续，到 5 月底全省已有 157 条河道断流，274 座水库干涸，农作物受旱面积达 254.4 万亩（1 亩≈666.7 平方米，下同）。二是农业组织化程度低，承受市场风险的能力弱。我国农业以家庭经营为基础，农户分散的、小规模的经营方式，无法有效地与瞬息万变的大市场对接，加之市场信息不灵，产品销售措施乏力，农民对市场的适应能力明显较差，生产安排和产品供应很难与市场变化相协调，市场风险大。三是农业比较效益低，投资回报低，农业农村发展对资金、技术、人才等生产要素的吸引力较弱。由于农业比较效益不高，农村人宁肯租房打工，也不回乡务农。现在是"'70 后'不愿种地，'80 后'不会种地，'90 后'不谈种地""谁来种地"问题日益凸显。农业是弱质产业，带有规律性，不仅发展中国家如此，发达国家也不例外。因此，对农业进行支持保护是各国普遍做法。

（三）城乡差距依然较大

改革开放以来，在工业化、城镇化、市场化、国际化的推动下，农业农村有了长足发展。特别是进入 21 世纪的这十几年，在中央一系列强农惠农富农政策支持下，农业农村发展进入黄金期。但是与其他产业发展相比、与城市发展相比，总体上看农业农村发展仍然相对滞后，工农差距、城乡差距仍然比较大。从城乡居民收入看，2014 年全国城镇居民收入 28 844 元，农村居民收入 10 489元，城乡收入比为 2.75：1；山东省城镇居民收入 29 222 元，农民人均纯收入 11 882 元，为 2.46：1。而且农民收入很不均衡，存在少数高收入群体拉高贫困群体收入现象。从公共服务看，我省城乡之间、不同地区之间、不同群体之间在基础教育、医疗卫生、科学技术推广等方面的差距仍然存在，农村可持续发展的公共服务供给严重不足；政府提供的一些公共服务重数量而轻质量，忽视了存量公共项目的维护、维修；农业科技推广、农业发展综合规划和信息系统等"软"服务供给严重不足；而且在农村公共服务建设的过程中，存在公共设施损坏严重、资源严重浪费、政府效率低、信息平台缺乏等现象，农村公共服务体系管理运行机制还存在不少问题。从基础设施看，尽管近 10 多年来农村路、水、电等基本都通了，但是在村庄人均道路、村庄集中供水供气供暖、生活污水垃圾处理等方面，农村与城市还有很大差距，城乡生活条件还有巨大反差。应当说，当前农业基础仍然薄弱，最需要加强；农村发展仍然滞后，最需要扶持；农民增收仍然困难，最需要加快。我们作为一个农业大国，13 亿人口 60%～70% 在农村，如果农业农村发展上不去，既不能实现"中国梦"，也不能实现"强国梦"。

（四）全面建成小康社会重点难点在农村

党的"十八大"提出全面建成小康社会新要求，主要是：经济持续健康发展，转变经济发展方式取得重大进展，在发展平衡性、协调性、可持续性明显增强的基础上，实现国内生产总值和城乡居民人均收入比 2010 年翻一番；人民民主不断扩大，民主制度更加完善，民主形式更加丰富，人民积极性、主动性、创造性进一步发挥；文化软实力显著增强，社会主义核心价值体系深入人心，公民文明素质和社会文明程度明显提高；人民生活水平全面提高，基本公共服务均等化总体实现；资源节约型、环境友好型社会建设取得重大进展，主体功能区布局基本形成，资源循环利用体系初步建立，人居环境明显改善。全面建成小康社会的发展目标，是一个综合性的指标，它的指标体系包括经济发展、社会发展、人口素质、生活质量、民主法制、资源环境 6 个方面，涵盖经济、政治、文化、社会、生态等五大领域。为什么说全面建成小康社会的重点难点在农村呢？虽然改革开放 30 年来，农村经济社会发展很快，农民群众的生活水平得到大幅提高，特别是党的十六届五中全会提出建设社会主义新农村目标后，城乡经济社会发展一体化加快，农村发生了翻天覆地的变化，农业农村经济呈现良好发展态势，极大地推动了农村全面小康建设进程。但是农村人口多、比重大、基础弱、条件差，我省虽然城镇化率已接近 60%，但仍有 50%～60% 人口生活在农村。没有这些人的全面小康，就没有山东省的全面小康。因此，习近平总书记在 2013 年中央农村工作会议上指出，"小康不小康，关键看老乡。一定要看到，农业还是"四化"同步的短腿，农村还是全面建成小康社会的短板。中国要强，农业必须强；中国要美，农村必须美；中国要富，农民必须富。"2015 年 7 月，习总书记在吉林省考察时又明确指出，任何时候都不能忽视农业、忘记农民、淡漠农村；必须始终坚持强农、惠农、富农政策不减弱、推进农村全面小康不松劲，在认识的高度、重视的程度、投入的力度上保持好势头。目前，我国已进入加快推进城乡发展一体化的重要时期，加快建设现代农业，加快推进农民增收，加快建设社会主义新农村，形成以工促农、以城带乡、工农互惠、城乡一体的新型工农城乡关系，是全面建成小康社会的重大任务。

二、中央农村政策的核心内容

中央的强农、惠农、富农政策包含在历年的中央一号文件当中。中央一号文件是指中共中央每年发出的第一份文件。这个文件在中央全年工作中具有纲领性和指导性地位，所提到的问题是中央全年需要重点解决的问题。改革开放初期，农业农村发展问题千头万绪、错综复杂，中央从 1982—1986 年连续 5 年发布以农业、农村和农民为主题的中央一号文件（这 5 个一号文件，在中国农村改革史上成为专有名词——"5 个一号文件"）。

进入 21 世纪以来，中央坚持解放思想，凝聚共识，勇于推进"三农"工作的理论创新和实践创新，在一系列新思想、新观点和新论断的指导下，自 2004 年以来，连续发布 12 个以农业、农村、农民为主题的中央一号文件。这 12 个中央一号文件主题和主要内容如下。

1. 2004 年中央一号文件

以促进农民增收为主题，提出要调整农业结构，扩大农民就业，加快科技进步，深化农村改革，增加农业投入，强化对农业支持保护，力争实现农民收入较快增长，尽快扭转城乡居民收入差距不断扩大的趋势。

2. 2005 年中央一号文件

以提高农业综合生产能力为主题，提出要稳定、完善和强化各项支农政策，切实加强农业综合生产能力建设，继续调整农业和农村经济结构，进一步深化农村改革，努力实现粮食稳定增产、农民持续增收，促进农村经济社会全面发展。

3. 2006 年中央一号文件

以推进社会主义新农村建设为主题，提出要按照"生产发展、生活宽裕、乡风文明、村容整洁、管理民主"的要求，协调推进农村经济建设、政治建设、文化建设、社会建设和党的建设，建设社会主义新农村。

4. 2007 年中央一号文件

以发展现代农业为主题，提出要用现代物质条件装备农业，用现代科学技术改造农业，用现代产业体系提升农业，用现代经营形式推进农业，用现代发展理念引领农业，用培养新型农民发展农业，巩固、完善、加强支农惠农政策，切实加大农业投入，积极推进现代农业建设。

5. 2008 年中央一号文件

以加强农业基础建设为主题，提出要按照形成城乡经济社会发展一体化新格局的要求，突出加强农业基础建设，积极促进农业稳定发展、农民持续增收，努力保障主要农产品基本供给，切实解决农村民生问题。

6. 2009 年中央一号文件

以促进农业稳定发展农民持续增收为主题，提出要把保持农业农村经济平稳较快发展作为首要任务，围绕稳粮、增收、强基础、重民生，进一步强化惠农政策，增强科技支撑，加大投入力度，优化产业结构，推进改革创新，千方百计保证国家粮食安全和主要农产品有效供给，千方百计促进农民收入持续增长。

7. 2010 年中央一号文件

以夯实农业农村发展基础为主题，提出要把统筹城乡发展作为全面建设小康社会的根本要求，把改善农村民生作为调整国民收入分配格局的重要内容，把扩大农村需求作为拉动内需的关键举措，把发展现代农业作为转变经济发展方式的重大任务，把建设社会主义新农村和推进城镇化作为保持经济平稳较快发展的持久动力，按照稳粮保供给、增收惠民生、改革促统筹、强基增后劲的基本思路，毫不松懈地抓好农业农村工作，继续为改革发展稳定大局作出新的贡献。

8. 2011 年中央一号文件

以加快水利改革发展为主题，提出要把水利作为国家基础设施建设的优先领域，把农田水利作为农村基础设施建设的重点任务，把严格水资源管理作为加快转变经济发展方式的战略举措，注重科学治水、依法治水，突出加强薄弱环节建设，大力发展民生水利，不断深化水利改革，加快建设节水型社会，促进水利可持续发展，努力走出一条中国特色水利现代化道路。这是新中国成立62年来，中央文件首次对水利工作进行全面部署。

9. 2012年中央一号文件

以推进农业科技创新为主题，提出要同步推进工业化、城镇化和农业现代化，围绕强科技保发展、强生产保供给、强民生保稳定，进一步加大强农惠农富农政策力度，奋力夺取农业好收成，合力促进农民较快增收，努力维护农村社会和谐稳定。文件突出强调部署农业科技创新，把推进农业科技创新作为"三农"工作的重点。

10. 2013年中央一号文件

以增强农村发展活力为主题，提出要加大农村改革力度、政策扶持力度、科技驱动力度，充分发挥农村基本经营制度的优越性，着力构建集约化、专业化、组织化、社会化相结合的新型农业经营体系，进一步解放和发展农村社会生产力，巩固和发展农业农村大好形势。

11. 2014年中央一号文件

以全面深化农村改革为主题，提出按照稳定政策、改革创新、持续发展的总要求，完善国家粮食安全保障体系，强化农业支持保护制度，建立农业可持续发展长效机制，深化农村土地制度改革，构建新型农业经营体系，加快农村金融制度创新，健全城乡发展一体化体制机制，改善乡村治理机制，力争在体制机制创新上取得新突破，在现代农业发展上取得新成就，在社会主义新农村建设上取得新进展，为保持经济社会持续健康发展提供有力支撑。

12. 2015年中央一号文件

以加大改革创新力度为主题，分析我国经济发展进入"新常态"后，农业发展面临的严峻形势，提出要主动适应经济发展"新常态"，按照稳粮增收、提质增效、创新驱动的总要求，继续全面深化农村改革，全面推进农村法治建设，推动新型工业化、信息化、城镇化和农业现代化同步发展，加快构建新型农业经营体系，推进农村集体产权制度改革，稳步推进农村土地制度改革试点，推进农村金融体制改革，深化水利和林业改革，加快供销合作社和农垦改革发展，创新和完善乡村治理机制，努力在提高粮食生产能力上挖掘新潜力，在优化农业结构上开辟新途径，在转变农业发展方式上寻求新突破，在促进农民增收上获得新成效，在建设新农村上迈出新步伐，为经济社会持续健康发展提供有力支撑。

这 12 个中央一号文件，形成了一个尊重市场规律、发挥政府作用、符合我国国情和国际惯例的政策体系。其核心内容如下。

（1）取消"农业四税"（农业税、农业特产税、屠宰税、牧业税），结束 2600 多年农民按地亩缴税的历史。

（2）实行"农业四补贴"（种粮农民直接补贴、农资综合补贴、良种补贴和农业机械购置补贴），开创政府直接补贴农民的先河。

（3）放开粮食购销，迈出农业市场化的关键一步。

（4）出台粮食最低收购价、重要农产品临时收储、农业保险保费补贴等措施，构建农业风险化解机制。

（5）推进土地承包经营权确权登记颁证，实现所有权、承包权、经营权三权分置，落实所有权，稳定承包权，放活经营权，引导农村土地经营权有序流转，发展农业适度规模经营。

（6）培育家庭农场、农民合作社、农业企业、农业社会化服务组织等新型农业经营主体，推进家庭经营、集体经营、合作经营、企业经营等共同发展，着力构建集约化、专业化、组织化、社会化相结合的新型农业经营体系。

（7）推进农村集体产权制度、土地制度、金融体制、水利和林业改革、供销社改革，构建城乡发展一体化体制机制。

（8）创新和完善乡村治理机制，全面推进农村法治建设。

（9）建立新型农村合作医疗制度、农村最低生活保障制度、新型农村养老保险制度等一系列城乡一体化的民生保障制度，出台一系列推动基础设施向农村延伸的政策措施，加快社会主义新农村建设。

这些政策措施，对农业农村的长远发展发挥着至关重要的作用。山东省也相继出台了 12 个省委一号文件，贯彻落实 12 个中央一号文件。中央和山东省省委、省政府出台的一系列农村政策，结束了农业和农村经济徘徊不前的局面，初步遏制了城乡差距持续扩大的势头，找到了解决"三农"问题的途径。

三、山东省农村政策的支持重点

山东省贯彻落实中央决策部署，出台的强农惠农富农政策，重点集中在 4 个方面。

（一）推动农业发展方式转变，促进农业转型升级

加快转变农业发展方式、促进农业转型升级，是党中央、国务院着眼经济社会发展全局作出的重大部署。我们要以改革创新为动力，推动转变农业发展方式尽快取得实效，确保国家粮食安全和农民持续增收，努力走出一条中国特色农业现代化道路。

1. 全力保障粮食稳产增产

加快推进省政府确定的粮食高产创建示范方建设，到 2017 年全省建设高标准粮食高产田 2 200 万亩，建设万亩以上的高产示范方 32 个，以万亩示范片为基本单元安排专项补助资金，每亩 30 元。2013 年 10 月，山东省政府出台了《山东省政府关于大力推进粮食高产创建的意见》，提出到 2017 年，全省建设基础设施完善配套、粮食生产水平显著提升的高标准粮食高产创建田 2 280 万亩，小麦、玉米两季合计亩产达到 1 100 千克以上；德州、泰安、济宁、

淄博、滨州5个市建成吨粮市，聊城、枣庄、潍坊、济南、菏泽5个市基本达到吨粮市标准；商河等40个粮食主产县（市、区）建成吨粮县，济阳等38个粮食主产县（市、区）基本达到吨粮县标准。

案例1：德州市齐河县规划实施"8521"工程

德州市齐河县大力推进整建制粮食高产创建，筹资6.2亿元，规划实施了"8521"工程，即全县百万亩粮田，规划80万亩高产创建示范区，建设50万亩整建制高产创建中心区，提升20万亩粮食增产模式攻关核心区和打造1万亩"玉米单季吨粮""全年吨半粮"高产攻关展示区。2014年招远市10亩攻关田平均亩产达到817千克，创农业部小麦实打实验收全国最高纪录。2015年山东省夏粮总产量为2 347.3万吨，实现多年连续增产，再次位列全国第二，仅次于河南省。齐河县80万亩高产高效创建示范区的30万亩核心区夏粮平均亩产651.6千克。

2. 大力支持优特产业发展

围绕全省粮油、棉花、蔬菜、果品、畜牧、水产、林木花卉、种子、生物质、生态旅游十大优势产业振兴规划和茶叶、蜜蜂、食用菌、中药材、桑蚕五个特色产业振兴规划，继续实施现代农业生产发展项目，通过整合资源、集中投入、整体推进，引导优势资源向优势区域、主导产业和关键环节集聚，大力培植高质高效农业，提高农业生产经营的专业化、标准化、规模化和集约化水平。山东省各地在发展高效生态农业、循环农业、设施农业、休闲农业、品牌农业等方面，探索了各具特色的路子。

案例2：山东省各地探索各具特色的农业发展之路

东营市发挥位于黄河三角生态经济区核心区的优势，积极发展高效生态农业，目前泰国正大、新加坡澳亚等总投资312亿元的124个项目进展顺利，黄河口大闸蟹养殖达到100万亩，海参养殖

26万亩，奶牛存栏7.8万头，工厂化食用菌生产能力35万吨。东营农高区加快生物技术中试研发、农业综合试验、农产品电子商务总部基地建设，积极创建国家级农高区。

寿光市的"冬暖式蔬菜大棚"全国闻名，其蔬菜种植水平始终居于全国前沿水平，市场营销范围辐射全国。目前，全市蔬菜种植面积发展到84万亩，其中，有机蔬菜65万亩，有322种农产品获得国家优质农产品认证，科技进步对农业增长贡献率达70%。

沂水县发展乡村旅游，培植特色产业，走特色发展之路。这个县的院东头镇桃棵子村张在召率先发展农家乐，摇身一变当起了老板赚起了旅游钱，周边的群众也跟着沾了光。"我这个农家乐，一年也就赚个7万~8万元"，老张谈起旅游，颇有成就感。全村正常运转的农家乐有30来家，全村都沾了光，邻居家的土特产变现卖了钱不说，还专门有人当起了鸡贩子从蒙阴县坦埠镇帮助收笨鸡，1千克提成4元钱。院东头镇在农家乐发展的基础上，以"留住记忆、记住乡愁"为理念，积极发展"全域慢游"沂蒙风情旅游小镇，培植起了7家A级景区，成立了全市首家乡镇级游客中心，成为全省A级景区最多的乡镇。先后有扶贫、公益金、林业、农业、果茶、水利、水土保持、旅游发展基金等项目向该镇倾斜，合力建设乡村旅游，推进农业景观化、农耕体验化、农村休闲化，让传统农村蝶变为美丽乡村、休闲观光乡村，逐步形成一个村庄一种风格、一条道路一道风景、一个园区一个景点，形成了特色村串点成线、观光园成批连片、各具风情的发展态势。全镇现已培植11处现代农业观光园区近万亩，果茶面积达4万余亩，实现了现代农业园区、乡村风光区、观光采摘区的有机融合。目前全镇培植特色专业村4家，农家乐217户，其中，五星级2家、四星级1家。每处农家乐，把生意做到家门口，农副产品通过加工增加附加值，苹果、板栗、茶叶等特产经过展销变成旅游商品。通过借势、借源、借力、借智，实现了全要素融合发展，走出了一条"抓三产推二产拉一产"的路子，直接从事旅游人员 2 000 余人，间接从业人员万余人。

3. 加强水利基础设施建设

山东省水资源总量不足，人均、亩均水资源占有量偏低，水少人多地多，水资源与人口、耕地资源严重失衡。多年平均水资源总量为 305.82 亿立方米，人均占有水资源量 344 立方米，不到全国人均占有量的 1/6，仅为世界人均占有量的 1/25，位居全国各省（市、自治区）倒数第三位。全省亩均水资源占有量 263 立方米，也仅为全国平均亩均占有量的 1/7。水资源主要来源于大气降水，全省多年平均降水量为 676.5 毫米，降水量首先是年内降水分配不均。汛期集中在 6—9 月，这期间的降水量可达全年降水总量的 70%~80%，而仅 7—8 月的 2 个月降水量就可达全年降水总量的 60%；另外，年际降水分配不均，经常出现连续的丰水年和连续的枯水年。省委、省政府把实现长江水、黄河水、当地水资源的联合调度作为全省水利基础设施建设的总目标，加快推进南水北调续建配套、雨洪资源利用工程等重点水利项目，支持实施大中型病险水库除险加固、中小河流治理、防汛抗旱、海堤建设等水利防洪减灾工程，增强水利抵御自然灾害能力。

案例 3：平原县和莒县探索并发展节水灌溉模式

平原县探索"一泵一网两卡一表一带"节水灌溉模式，"一泵"是指加压泵站，单站控制面积 3 000~5 000 亩。"一网"是指输配水管网，从泵站到田间出水口全部采用管道输水。"两卡"是指电卡和水表卡，用电卡控制泵站开启，支管首部安装智能射频卡表，实行一表多卡、每户一卡、刷卡取水、依卡缴费。"一表"是指移动水表，固定水表安装在支管首部，由水管员管理，作为支管计量收费的依据；移动水表安装在田间出水口，起止码由水管员记录，用水户确认。"一带"是指田间出水口及移动水表以下连接的"小白龙"输水带，向农户畦田内配水。这种高效节水灌溉新模式改变了灌排合一、多级提水、大水漫灌的传统灌溉方式，实现了"三省两增"：一是省钱。平均亩次灌溉费用降到 25 元左右，节省近 1/3；二是省水。亩次灌溉用水由 100 立方米减为 65 立方米，节水 35%；三是省工。灌溉 4 万~5 万亩，原来需 20 天、12 万个工，现在只需 10 天、3 万个工左右；四是增产。16 万亩用上"田间自来水"的耕地，年灌溉次数由原来的 1~2 次提高到 3~4 次，夏粮单产增加 100 千克左右；五是增收，经测算，16 万亩高效节水灌溉的耕地，每年可增收 3 800 万元。

莒县发展高效自压节水灌溉，先后建成 13 个高效自压节水示范片，累计衬砌渠道 282 条、126.5 千米，铺设管道 866.4 千米，实施节水改造 21.4 万亩，发展高效节水灌溉 11.4 万亩，受益人口 22.3 万人。工程完成后，末级渠系项目区一次灌水周期缩短 7 天，高效节水灌溉项目区水利用系数由 0.5 提高到 0.9，年可节约用水 2 525.4 万立方米，增产粮食 1 780 多万千克，全县有效灌溉面积达 85.1 万亩、节水灌溉 75 万亩、高效节水灌溉 33.6 万亩。

4. 加快实施科技兴农战略

过去，我们说农业发展一靠政策、二靠投入、三靠科技、四靠制度。现在看，解决农业发展问题，最终还是要靠科技。而农业科技，最核心的载体是种子。目前，我国种植业发展与发达国家相比还有很大差距。

（1）从事蔬菜种子经营的企业多，但规模小、经营分散、附加值低、销售收入少，山东省还没有一家"育繁推"一体化注册资本达到亿元的蔬菜种子企业。

（2）在胡萝卜、菠菜、洋葱、西葫芦、大葱、花椰菜、番茄、茄子、辣椒等作物上，国外引进品种成为主栽品种占有明显优势。在寿光市场，从国外进口的茄果类种子占了市场份额的 60% 以上。

（3）进口种子质量好，技术含量高，种子价格是国产种子的

5~30 倍，售价之高，令人咂舌。以番茄为例，国产种子每粒 1~2 分钱，国外种子每粒高达 0.20 元左右，价格是国产种子 10~20 倍。荷兰甜椒品种"蔓迪"，曾经开出每克种子 180 元的天价，1 克种子相当于 1 克铂金。2013 年，山东省从国外进口种子 35 万千克，蔬菜种子占 90% 以上，高端蔬菜种子基本上是外国种子的天下。畜牧良种也是这样，白羽肉鸡，如双 A、艾维茵、彼德逊等，都是美国培育的；红羽肉鸡，狄高是澳大利亚的，红波罗（红宝）是加拿大的，海佩科荷兰的；蛋鸡，也主要是从欧美引进的。猪，杜洛克、长白、大白（大约克夏猪）；奶牛，荷斯坦；肉牛，西门塔尔、梨木赞、德国黄牛、安格斯；羊，杜泊羊、波尔山羊，都是国外的品种。种子是农业的源头，不能落到他人手中。因此，科教兴农，必须良种先行。近几年，全省里重点支持实施农业良种工程，同时，启动实施农机装备研发创新计划、粮食双增产科技支撑计划、科普惠农示范工程等，给农业发展插上科技的"翅膀"。

5. 积极保障农产品质量安全

山东省以不到全国 6% 的耕地，生产了全国 9% 的粮食、13% 的蔬菜，农产品出口总额占全国的 1/4，农业在解决了人们的吃饭问题，现代化建设取得巨大成就，同时，付出的代价也很沉重，特别是农业生产环境不断恶化。

（1）化肥过量施用。我们用占世界 7% 的耕地养活了 22% 的人口，但实际上我们用掉了世界上 35% 的化肥和 20% 的农药。全国每年的化肥施用量为 4 637 万吨，按播种面积计算达每平方千米 40 吨（27 千克/亩），远远超过 22.5 吨（15 千克/亩），这是发达国家为防止化肥对土壤和水体造成危害而设的安全上限。目前，山东省每千克纯氮粮食增产量已由 20 世纪 80 年代初的 8 千克降至 3 千克。

（2）农药使用不合理。为保证作物产量，农民在病虫害防治过程中，过分依赖于化学农药防治，有打"放心药"的观念和习惯，就是不管病虫害是否发生、程度如何，每隔3~5天就打一次药，而且多种成分的药剂混合，使用量通常是农药标签上推荐用量的两倍以上。据调查：一个生长季节果树用药20多次以上，黄瓜、番茄等蔬菜用药近20次，这样不合理的大量、滥用，势必造成了农药在作物上的残留超标和污染，甚至导致作物死亡。农药的不合理使用造成全省每年约有大量农药残留或消解在土壤、水体、空气和植物中，改变了土壤生态系统的结构和功能，导致土传病害加重、土壤生产能力下降。

（3）养殖过密带来隐患。山东省牛存栏量500万头，年出栏400多万头；猪存栏量近3 000头，年出栏4 800万头；家禽存栏量6亿多只，年出栏18亿多只。全省每公顷耕地畜禽粪尿负荷为37.1吨，超过全国24.0吨的平均水平，病菌、病毒的传播加剧，禽流感、口蹄疫等病害时有发生。

（4）滥用抗生素与食物添加剂。三聚氰胺、瘦肉精、苏丹红、硫黄、福尔马林、漂白粉、滑石粉、避孕药都添加到食物中。这些都成为农产品质量安全的重大隐患，农产品和食品安全形成不容乐观。山东省委、省政府要求，以创建农产品质量安全示范省和开展"食安山东"行动为契机，加快构建"从田间到餐桌"的农产品质量安全控制体系，保障广大城乡居民"舌尖上的安全"。

案例4：安丘市实施出口农产品区域化管理，探索"安丘模式"

为全面提高农产品质量安全水平，安丘市通过实施出口农产品区域化管理，探索了"源头无隐患，投入无违禁，管理无盲区，出口无障碍"的"安丘模式"。2012年安丘市被国家标准委确定为创建全国农业综合标准化示范市以来，按照"推行一个标准、统筹2个市场、打造安丘品牌、促进产业提升"的工作思路，以推进区域化管理为抓手，以深化"安丘模式"为重点，围绕提高农产品质量安全水平，严格落实农业综合标准化整体推进措施，抓好组织领导、质量标准、控制管理、检测监控、查询追溯、科技服务等6个方面工作，保障农产品质量安全，扩大农产品出口，大幅提高经济效益，出口农产品抽检合格率达到100%。其做法是：一是打造"安丘标准"。参照美国、日本、欧盟等发达国家的农业操作规范，参与制定《初级农产品质量安全区域化管理体系要求》国家标准，制（修）定种养殖基地管理、收获储存、包装运输、生产加工等各类标准269项，制定生姜、大蒜、草莓等33个出口农产品的生产技术操作规程和生产标准200多个，形成了与国际标准接轨的农业标准化体系，用世界上最严格的标准生产、加工、销售农产品。二是依托企业贯彻标准。引导企业开展GAP、GMP、HACCP等质量管理体系认证，推行标准化管理，通过龙头企业带动标准化生产。鲁丰集团、万鑫食品、润康食品等60多家龙头企业获得了国际上通用的美国零售销售协会认证、日本有机产品认证和全球良好农业操作认证，有近10家农业龙头企业"走出去"，到日韩、南亚、东南亚等国家和地区设点办厂。三是建设规模化标准基地。以创建农产品质量安全示范区为抓手，以农产品加工出口龙头企业和农村合作组织为纽带，通过"龙头企业+合作社+农户""龙头企业+基地+农户"等形式，引导龙头企业、合作社和种植大户等建设标准高、规模大、管理规范的粮食、蔬菜、林果、花生生产示范基地。全市建成通过认证或出口备案的蔬菜、瓜果、粮油、桑蚕、畜牧等标准化种植基地85万亩、养殖基地775个，种植业农产品质量安全生产示范园区42处、标准化种植园区100个、养殖园区83个，获得"国家级农业综合标准化优秀示范市"称号。

6. 促进生态农业发展

主要是支持实施耕地质量提升计划，继续开展测土配方施肥补助项目，集中解决高强度农业开发造成的地力下降、环境污染、生态破坏等问题；推进生态农业示范县建设，开展植树造林，实施渔业资源修复行动计划，支持乡村旅游业发展。泰安市东平县十分重视生态农业建设，立足东平实际，坚持以科学发展观为指导，以农业生态高效、农民持续增收、农村环境改善为目标，加强对农业面源污染治理，先后实施了东平湖植被恢复研究与开发、配方施肥、秸秆还田、农村沼气、农业科技入户、农田"两减三保"示范、标准农田建设等项目，围绕推广秸秆生物反应堆技术、安装太阳能杀虫灯，采取政策集成、项目集成、技术集成的方式，实行统一规划、集中投入、重点突破、分步实施，打造农业生态建设的新样板，提升农业可持续发展能力，促进农民生活条件和农村生态环境持续改善，生态农业成为山东省引领现代农业发展的新亮点。

（二）创新农业经营方式，激发农业发展活力

随着工业化、城镇化、国际化、信息化的深入推进，农业农村发生深刻变化。加快建设现代农业，必须顺应时代变化，遵循发展规律，努力构建集约化、专业化、组织化、社会化相结合的新型农业经营体系，充分释放农村生产要素潜能，不断激发农业农村内生活力。

1. 继续深化农业产业化经营

农业产业化经营是现代农业的重要经营方式。山东省是农业产业化的发源地。1987 年山东省潍坊市所辖的诸城提出了通过"商品经济大合唱"，实现贸工农一体化的发展思路。在此基础上，1993 年潍坊市提出了"确立主导产业，实行区域布局，依靠龙头带动，发展规模经营"的农业产业化发展战略。1994 年初，省委将实施农业产业化战略作为发展农村社会主义市场经济的重要内容，写入 1994 年的省委一号文件，使农业产业化在全省各地得以推广。目前，农业龙头企业已达 9 200 多家，其中，过亿元有 2 600 多个，过 50 亿元的有 27 个，过百亿元的有 12 个。农业产业化的组织带动模式不断丰富，有"市场+农户""龙头企业+农户""合作组织+农户""龙头企业+合作社+农户"等多种模式，呈现出产业推动、企业带动和多主体驱动等多个层次。全省参与农业产业化经营的农民专业合作组织达到 12 200 多个；龙头企业带动农产品专业批发市场 490 多个，自建基地面积达到 1 400 多万亩，订单基地面积 6 550 万亩。

案例 5：肥城市不断深化发展农业产业化

泰安的肥城市不断深化发展农业产业化，全市以有机蔬菜、两菜一粮、设施蔬菜、规模养殖、干鲜果品、苗木花卉等为特色主导产业，打造企业聚集、产业集群、管理集成的现代化农业示范园区 40 多个，通过项目扶持、技术跟踪指导、建点示范等方式，不断促进农业产业规模化、效益化、品牌化和社会化的精致高效农业发展之路。目前，全市国家农业产业化重点龙头企业 1 家，省农业产业化重点龙头企业 7 家，规模以上的农产品加工企业 155 家，采取"企业+合作社+基地+农户"的发展模式，带动农户 18 万户，占全市乡村户数的 65%，农户从产业化经营中户均增收 2 000 元。

为推动农业产业化的深化发展，山东省委、省政府出台了一系列政策措施，当前和今后一个时期的重点是：探索设立现代农业产业发展引导基金和农业产业化发展引导基金，采取股权投资等市场化手段，撬动社会资本共同投入，推动提升我省农业产业化发展水平。推进农业综合开发产业化经营，支持农产品精深加工、农业科技企业和生态循环农业发展；支持实施远洋渔业"走出去"发展战略，建设现代渔业生产和服务基地，增强渔业国际竞争力。

2. 支持农民合作组织发展

改革开放以后，农村实行家庭联产承包责任制，在一定时期内促进了农村生产力的发展，极大地改善了农民的生活。但是随着市场经济的发展，农业和农民的弱势地位在市场的面前表现得日益明显，一家一户的分散经营很难抵御市场风险。在这种情况下，农民便选择了抱团、合作。改革开放以来，山东省对鼓励支持农民合作组织发展进行了长期探索和实践，到2015年上半年全省农民合作社发展到14.1万家、成员600多万个。领办合作社的主要是种养大户、技术能人和经纪人以及一些有威信、有专长的党员干部，也包括一些农业企业；合作社以种植业、畜牧业为主导，林业、渔业、水利、农机作业、农产品加工、工艺品、乡村旅游等等全面开花，并向非生产经营性领域延伸；合作内容从产前的良种、农资供应等，到产中的耕种收、植保、技术指导、标准化生产等，再到产后的运输、贮藏、加工、认证、营销，基本覆盖了农业生产各个环节。加入合作社前是单打独斗，加入合作社后是抱团挣钱，不少合作社带动农民的圆了致富梦。

案例6：蔬菜专业合作社助推农民抱团致富

平邑县卞桥镇良友粮蔬专业合作社是农民合作社助推农民抱团致富的一个缩影。近年来，卞桥镇把发展农民合作社作为发展农村经济、增加农民收入的突破口和着力点，以"合作社+基地+农户"的发展模式，鼓励和支持农村致富能人、专业大户、农村干部、农业龙头企业因地制宜，采取多种形式发展农民合作社。合作社通过统一品牌、统一生产、统一技术、统一销售的方式，形成农户抱团闯市场的致富模式，并通过与农业龙头企业签订产供销合同，以"订单农业"的方式确保参加合作社的农民能够实现产业致富。目前，全镇已建立各类农民专业合作社40余家，业务范围涵盖种植、养殖，农产品销售、加工、储存，生产资料购买以及与农业生产经营有关的技术、信息服务等方面，共吸纳农户2 600余户，带领7 500多农民有组织进入市场，有效地缓解了农产品难卖的压力，增加了农民的收入。

在诸城市，提起相府蔬菜专业合作社联合社，知道的人不少。2011年，以永丰盛农产品专业合作社为依托，吸收绿洲等7

个蔬菜专业合作社和 3 个经济实体参入，注册成立了诸城市相府蔬菜专业合作社联合社。联合社吸纳了 7 个蔬菜专业合作社和 3 个经济实体加入，入社社员 2 368 人，"保姆式"全托管 3 300 亩蔬菜基地；"菜单式"半托管 3 万多亩大田。联合社还加大了技术推广的"宽度"和"长度"。所谓"宽度"就是提高技术推广的覆盖面，增加信息量，扩大受众；所谓"长度"就是技术推广"链条式"，大田生产经营管理"一条龙"。社员们说，过去每个合作社都有自己的商标，品牌倒是多，却没有一个"叫得响"。现在联合社使用统一商标，全部实行无公害认证，市场认可度大大提高，同样是一亩大葱，现在每年能多卖 350 元。相府蔬菜专业合作社联合社围绕蔬菜、果品、畜禽、粮食、油料等主要农产品，建设标准化生产基地，目前已与利群、百盛、中百等大型连锁超市和烟台龙大集团、青岛福生食品等国内知名龙头加工企业，建立对接关系。

由于一家一户的分散经营，仍是山东省农业生产经营的主流，农民合作社是实现农民组织化的主要载体，是农业新型经营主体的重要组成部分，对带领农民进入市场、发展农村集体经济、创新农村社会管理、提升农产品质量安全都具有关键作用。发展农民合作社，把广大农民组织起来共同闯市场，是农业经营方式创新的当务之急。发展农民合作组织，要探索以县为单位开展农民专业合作组织创新试点，鼓励农民专业合作社"抱团"组建联合社，支持农民专业合作组织等新型农业经营主体创新服务内容，促进各类农业经营主体规范发展；支持粮食类新型农业经营主体做大做强，打造一批引领现代粮食产业发展的"航母"和"龙头"；深入开展供销社综合改革试点，进一步创新金融合作、扩大服务规模、完善流通体系，努力将其打造成服务农民生产生活的生力军。

3. 大力发展农业社会化服务

在推进农业服务专业化、系列化、规模化方面，山东省创造了许多新鲜经验，农口部门以及供销、邮政、交通、商贸、烟草等系统，都在向农村延伸服务职能，发展了一大批基层服务组织，特别是供销，以托管、半托管的方式对农民开展"保姆式"农业规模化社会服务，邮政、烟草、农机等系统也积极开展为农服务，全省托管土地近 2 000 万亩，在不改变土地承包关系的前提下，实现了规模经营，产生了良好的经济和社会效益。

案例 7：依托供销服务网络，为农业社会化服务

汶上县依托全县供销服务网络，在不改变农民土地经营权、受益权的前提下，大力推行以土地托管为主要形式的农业社会化服务，形成了"农民有钱赚、企业有工用、供销社有事干"的三赢局面。第一是全托管。县供销社农业经营服务公司委托合作社与农民签订土地托管服务协议，实行耕种、管理、收割、分配全过程服务，以合同的形式确定"三包"责任，即包产量，以前 3 年正常年份亩产平均值定产量，欠收部分由农业经营公司以实物或现金补足，超产部分全部归农户所有；包费用，以低于当年市场价格 10% 的标准，确定农资及劳务服务的费用，按生产环节的时间节点向农户收取；包质量，种、管、收全过程都由村委会和村民代表监督实施。如义桥镇房柳村全托管土地 1 100 亩，通过去除水沟等，每亩土地增加 15% 的有效种植面积、增产 75～100 千克；村"两委"参与托管服务，可获得 20% 的服务费利润分成，同时，每代售 1 吨化肥可获 100 元报酬，仅这两项村集体就能创收 3 万多元。第二是半托管。根据村民、种植大户或企业需求，由土地托管服务队提供耕、种、收等生产环节的一项或多项服务，服务费用低于同期市场价格的 10%，同时，大大提高了生产效率。据统计测算，连片规模种植区秸秆还田每小时可达 5 亩，效率提高 67%；机防病虫害每小时可达 33 亩，是人防的 22 倍。目前，全县土地托管面积突破 10.6 万亩，实现服务收入 1 821 万元，为农民节约成本 600 余万元。

发展农业社会化服务，主要是以产粮大县为重点开展农业全程社会化服务试点，重点支持深耕深松、秸秆还田、病虫害统防统治和粮食烘干仓储等，加快构建覆盖全程、综合配套、便捷高效的粮食生产全程社会化服务体系；加强农村现代流通服务体系建设，支持开展公益性农产品批发市场建设试点，完善市场配送、交易展示、冷链仓储、信息平台、检验检测等基础设施，提升公共服务功能；全面落实重大动物疫病强制免疫和村级动物防疫员补助政策，按照国家和省里部署实施小麦"一喷三防"、玉米"一防双减"等关键增产减灾技术补贴，加强森林防火体系建设，开展气象为农服务，提高农业社会化服务能力。

案例8：探索推行统防统治农业社会化服务模式

桓台县是全国闻名的粮食生产先进县，粮食生产的耕、种、收等环节基本实现了机械化。但是，在病虫草害防治方面一直没有很大改善。2009年桓台县供销社牵头成立桓台供销益农专业合作社，探索推行统防统治农业社会化服务模式。合作社先后投资500余万元购买各类喷药机械80余台，建立起一支专业的机械化统防统治队伍，让农户通过入社或托管的形式，享受到了合作社的专业化服务。2013年又购买了6架A2C农用飞机，培养了专业的飞行员、地勤师，成立"益农"航空服务队，供销益农合作社的机械化防治作业能力大幅提高，2014年完成作业面积50余万亩。荆茂祥是桓台县有名的种粮大户，他通过土地流转租种了2 360亩土地，病虫害防治全部托管给了桓台供销益农合作社，每亩地能节省成本1元多钱。这种新型农业社会化服务的模式，有效解决了地由谁来管的问题，受到当地政府和农民的青睐。

4. 加快推进农村各项改革

推进农村土地承包经营权确权登记颁证试点，确保今年基本完成工作任务。积极开展开展农业水价综合改革试点，建立健全合理的农业水价形成机制；实施农田水利设施产权制度改革和运行管护机制创新试点，建立"产权明晰、权责落实、经费保障、管用得当、持续发展"的长效机制；开展农村公共服务创新维护机制试点，逐步建成"功能健全、便民惠民、管理规范、运转高效"的农村公共服务体系，等等。

（三）加大支农政策力度，带动农民致富增收

增加农民收入，富裕农民，关键是在充分挖掘农业内部增收潜力，开发农村二、三产业增收空间，拓宽农村外部增收渠道的基础上，加大政策助农增收力度，在经济发展"新常态"下保持城乡居民收入差距持续缩小的势头。

1. 改革完善农业补贴政策

及时兑付粮食直补、农资综合补贴，认真落实农作物良种补贴、畜牧良种补贴、农机具购置补贴和农机报废更新补贴等政策，降低农业生产成本，提高农民发展生产的积极性。在保持补贴政策稳定性和连续性的基础上，选择试点县开展粮食直补、农资综合补贴和农作物良种补贴管理模式改革，进一步创新补贴机制，优化补贴程序，提高补贴效能，增强农业补贴的精准性。

2. 完善农产品价格形成机制

近几年，部分农产品价格波动较大，"蒜你狠""姜你军""豆你玩"，你方唱罢我登场，生猪价格呈"周期性"涨跌，白菜卖出"白菜价"，农产品价格犹如"过山车"大起大落。农民所获得的信息跟不上市场的变化，出现"什么赚钱干什么""别人干什么我干什么"等盲目生产现象，加重了农产品供求的不平衡和农产品价格的大起大落，"价低伤农，价高伤民"的矛盾突出，严重影响了农业增效、农民增收。与此同时，农产品销售还存一些怪现象。有位搞粮食加工的企业负责人讲，他加工的大米走的是大众化路线，每千克大米价格 6 元左右，但销售却不理想。后来将包装稍微改一下，价格提到每千克 10 元左右，部分

产品甚至提到每千克 16 元，销售却好了起来，出现供不应求。这些现象都说明，现在很多农产品的价格形成机制还很不完善，存在一些问题。

（1）农产品价格形成的要素不确定，对于一些农产品生产者，生产出来的产品价格到底应该根据哪些因素来确定，没有依据；生产者、经营者、消费者对农产品的价格是不是合理，应该怎么定价，都说不出清楚，只能随行就市。

（2）农产品价格形成的监管不健全，在农产品的生产、加工环节没有价格引导和监督，对农产品生产、加工过程的价格形成的监管，搞不清楚由哪部门执行。

（3）农产品价格形成的平台和机制不科学，农产品价格主要是由生产者自主定价或者交易双方协商定价。因此，必须进一步完善猪肉、化肥等储备调控机制，继续实施储备粮油补贴和渔业、林业成品油价格补贴政策；积极开展科学储粮工程，加强危仓老库维修改造，推广先进储粮技术，支持粮油储存、流通和加工产业发展；继续实行小麦最低收购价政策，完善重要农产品临时收储政策，健全主要农产品市场监测预警机制，加强农产品应急调控体系建设。

3. 加大农村扶贫开发力度

从 1985 年起，山东省开展了有计划、大规模的扶贫开发。1994 年组织实施了《山东省四五扶贫攻坚计划》，到 1998 年年底如期实现了确定的目标任务。1999 年，山东省扶贫开发转入巩固扶贫成果阶段。到 2000 年，全省先后扶持了 28 个贫困县、602 个贫困乡镇、13 384 个贫困村，累计解决了 721 万贫困人口的温饱问题。2012 年，山东省委、省政府确定，在省直机关和企事业单位中开展"联百乡包千村"行动，选派"第一书记"到贫困村抓党建促脱贫。171 个省直单位已选派出 582 名"第一书记"，到 582 个贫困村抓党建促脱贫，同时，采取多种形式联系帮包其他贫困村。力争经过 3 年的工作，实现"五个明显"的目标：村党支部战斗力明显增强；脱贫致富步伐明显加快，村里有致富项目，90%以上的扶贫对象人均纯收入翻一番，村集体有一定的经营性收入；村民生产生活条件明显改善；文明程度明显提升；基础保障能力明显提高。

2015 年，山东省委、省政府确定，继续从省直单位和中央驻鲁单位，选派第一书记到贫困村抓党建促脱贫，帮包周期由 3 年调整为 2 年，力争到 2017 年，稳定实现扶贫对象"两不愁三保障"（不愁吃、不愁穿，义务教育、基本医疗和住房得到保障）。第一书记中间不轮换，不实现脱贫目标，帮包单位不脱钩、第一书记不撤回。省里大幅度加大扶贫开发资金投入，对省直机关选派"第一书记"帮包的 608 个贫困村给予重点扶持，支持其培育特色产业，增强自我发展能力；启动实施农村精准扶贫，按照"精准识别、精确帮扶、精确管理"的原则，因地制宜、因户施策，提高扶贫工作的准确性、有效性。实施中央彩票公益金支持沂蒙革命老区扶贫开发项目，促进贫困农场、林场和少数民族等特殊贫困群体协调发展，落实春节期间穆斯林农户牛羊肉价格补贴，加快贫困地区农民脱贫致富步伐；落实大中型水库移民后期扶持和小型水库移民扶助政策，实施整体安置村"整村推进"工程，推进大中型水库移民避险解困试点工作，加强库区和移民安置区基础设施建设，促进库区和移民安置区经济社会发展。

（四）认真落实民生政策，切实保障农民利益

把中央的强农惠农富农政策落实基层、落实到农户，切实保障和改善农村民生，是改革发展和现代化建设的根本出发点和落脚点，是各级党委、政府必须做好的重大任务。

1. 优化改善农村人居环境

2013 年 10 月，全国改善农村人居环境工作会议在浙江举行。浙江省的主要做法是，实施"千村示范万村整治"工程。2003

年以来，浙江省连续三届省委一届接着一届干，投入资金共计1 200多亿元。先是村容整治，垃圾清理、污水治理、改水改厕、河道净化等环境整治项目落地，脏乱差的农村环境焕然一新；再是美丽乡村建设，把县域建成景区，把沿线建成长廊，把村庄建成景点，把庭院建成小品，一个个"盆景"、一道道"风景"和一片片"风光"已经成为美丽乡村的缩影。2011 年 5 月，山东省在蒙阴召开现场会，提出"以产业生态高效、环境优美宜人、生活文明健康"为主题，启动生态文明乡村建设。近几年，山东省每年都召开一次全省性的生态文明乡村建设专题会议，总结推广各地创造的经验做法，收到明显成效。这方面，山东省昌邑、曲阜成效显著。

案例 9：稳步推进生态文明乡村建设

昌邑最先选择了村庄基础条件较落后的北孟镇一个片区作为试点。该片区村庄共 15 个，村庄基础设施建设水平分上、中、下 3 个层次。对基础设施完善，村内全面硬化绿化的村庄定为一类，基础设施基本完善，村内主要道路硬化的村庄定为二类，基础设施不完善，村内主要道路为沙石路或者土路的村庄定为三类。一类村所有道路、街巷全面整治、全日保洁管理、配齐垃圾桶，垃圾日产日清。二类村硬化的道路、村内主要街巷全面整治，主要道路、街巷实施全日保洁，村内配齐垃圾桶，垃圾日产日清。三类村主要沙石道路、土路进行杂草清理，路面管护，路边建设排水明渠。村内主要道路实施全日保洁，主要街巷定期清理整治，村内配备垃圾桶，垃圾日产日清。试点取得经验后，全市从"三大堆"清除规范入手，清扫保洁路面，清理疏通排水、清除路边杂草、清理村内小广告、捡拾清理村周边垃圾袋、治理村头垃圾、配备专职保洁员实行全日保洁。村内安装垃圾桶、规范垃圾投放、配备专用垃圾车辆，实行垃圾日产日清，完全按照城市标准规范管理普通村居的环境卫生，得到了农民群众的广泛赞扬和肯定。

在农村环境综合整治中，曲阜不仅打好"突击战"，更注重打好"持久战"，在红红火火整治的同时，坚持"整""管"并重。市里为每个乡镇街道配发1辆全密闭式垃圾运输车，按照每个1 000元的标准为所有村居补助建设垃圾池1 284个，统一工资标准配备保洁员682名，全市的生活垃圾在经过压缩处理后，全部进行集中处理，初步建立起"村收集、乡运输、市处理"的长效管理体系。同时，开展以"科技进家家家富、文明进家家家乐、卫生进家家家美、平安进家家家和"为内容的"四进家"活动，印制家庭环境卫生知识、家庭安全知识等"温馨提示"，发放到各家各户，并分别张贴到客厅、卧室、厨房等醒目位置，使家庭成员人尽皆知、耳濡目染，努力达到"居室清洁，物品整齐，环境舒适，身心健康"的要求。

下一步，山东省要在化改善农村人居环境的同时，加大农村危房改造力度，改善村民住房条件；扎实推进村级公益事业建设一事一议奖补工作，积极支持乡村文明行动"百镇千村"建设示范工程，稳步推进生态文明乡村建设。

2. 支持农村文教事业发展

集中支持各地全面改善薄弱学校办学条件，扩大贫困寄宿生资助覆盖面，加大学前教育支持力度，落实中等职业教育全免学费政策；进一步加大农村文化建设和公共文化服务设施向社会免费开放工作投入，全面落实农村计划生育民生政策。

3. 落实农村医疗卫生政策

积极推进城乡居民基本医疗保险制度建设，支持实施基本和重大公共卫生服务项目，支持基层医疗卫生机构和省统一规划村卫生室实行基本药物制度，实施城乡一体医疗救助制度，减轻城乡居民就医负担。

4. 完善农村社会保障机制

进一步提高参保居民基础养老金水平，提高城乡最低生活保障标准，实施农村"五保"供养补助、困难家庭失能半失能老年人养老护理补贴和高龄老人津贴政策。

5. 提高农民就业创业能力

继续实施新型农民培训，开展进城务工农村劳动者就业和创业技能培训，落实高校毕业生到村任职工作补贴政策，等等。

四、农业"三项补贴"及政策调整情况

（一）原有农业"三项补贴"政策

农业"三项补贴"是指种粮农民直接补贴和农资综合补贴、农作物良种补贴三项补贴政策。

1. 种粮农民直接补贴和农资综合补贴政策

为稳定和发展粮食生产，保护种粮农民积极性，国家从 2004 年起建立了对种粮农民直接补贴制度。2006 年，为减轻化肥、农药、柴油等农业生产资料涨价对种粮农民的影响，开始实施农资综合补贴。粮食直补和农资综合补贴都以小麦实际种植面积作为计算依据，采取分别计算、合并发放的办法，通过"山东省财政涉农补贴一本通"管理系统，一次性发到农户。2014 年、2015 年均按照每亩 125 元的标准，向山东省粮农发放粮食直补和农资综合补贴。

2. 农作物良种补贴政策

农作物良种补贴涉及小麦、玉米、棉花、水稻、花生等。小麦良种补贴，每亩 10 元，采取"省级统一采购良种、企业供种到村、农民差价购种"的方式进行。玉米良种补贴每亩 10 元，棉花、水稻良种补贴分别为每亩 15 元，补贴采取"省级公开推介良种、农民自愿购种、补贴资金直接发放"的方式进行，补贴资金通过"财政涉农补贴资金一本通"直接发放到农户手中。花生良种补贴，主要是在花生生产大县（市、区）实施，按照每亩 140 元的标准进行补贴。

（二）农业"三项补贴"调整情况

从 2015 年开始，中央对农业补贴政策的调整完善开展试点，将于 2016 年在总结试点经验、进一步完善政策措施的基础上，在全国范围全面推开。山东省是试点省份之一，试点在 34 个县市区开展。

1. 调整完善农业补贴政策的动因

从 2004 年起，国家先后实施了农作物良种补贴、种粮农民直接补贴和农资综合补贴等政策，对于促进粮食生产和农民增收、推动农业农村发展发挥了积极作用。但随着农业农村发展形势发生深刻变化，农业"三项补贴"政策效应递减、政策效能逐步降低的问题日渐突出，迫切需要调整完善。

调整完善农业"三项补贴"政策，是转变农业发展方式的迫切需要。我国农业生产成本较高，种粮比较效益低，主要原因就是农业发展方式粗放，经营规模小。受制于小规模经营，无论是先进科技成果的推广应用、金融服务的提供、与市场的有效对接，还是农业标准化生产的推进、农产品质量的提高、生产效益的增加、市场竞争力的提升，都遇到很大困难。因此，加快转变农业发展方式，强化粮食安全保障能力，建设国家粮食安全、农业生态安全保障体系，迫切需要调整完善农业"三项补贴"政策，加大对粮食适度规模经营的支持力度，促进农业可持续发展。

调整完善农业"三项补贴"政策，是提高农业补贴政策效能的迫切需要。在多数地方，农业"三项补贴"已经演变成为农民的收入补贴，一些农民即使不种粮或者不种地，也能得到补贴。而真正从事粮食生产的种粮大户、家庭农场、农民合作社等新型经营主体，却很难得到除自己承包耕地之外的补贴支持。农业"三项补贴"政策对调动种粮积极性、促进粮食生产的作用大大降低。因此，增强农业"三项补贴"的指向性、精准性和实效性，加大对粮食适度规模经营支持力度，提高农业"三项补贴"政策效能，迫切需要调整完善农业"三项补贴"政策。

调整完善农业"三项补贴"政策，是通过"绿箱政策"措施加大对农业农村支持力度的迫切需要。国际上对农业的补贴支持政策分两类：一类是绿箱政策；另一类是黄箱政策。所谓绿箱政策，是指政府及相关部门对农业的所有投资或支持，对农业生产和农产品贸易的没有影响或影响很小的政策，主要包括：一般农业服务如农业科研、病虫害控制、培训、推广和咨询服务、检验服务、农产品市场促销服务、农业基础设施建设等，为保障粮食供给而支付的储存费用，自然灾害救济补贴，向农业生产条件明显不好的地区所提供的地区发展补贴，等等。所谓黄箱政策，是指保护性补贴，是对农业生产和农产品贸易能够产生直接影响的政策措施，主要包括政府对农产品的直接价格干预和补贴，种子、肥料、灌溉等农业投入品补贴，农产品营销贷款补贴，休耕补贴，等等。我们现行的农业补贴政策，主要是黄箱政策。加入WTO 的时候，我国承诺的黄箱补贴政策的上限是综合支持量（农业补贴总额）不超农业总产值的 8.5%，对特定农产品的支持量（对一种农产品的补贴总额）不超该产品产值的 8.5%。目前，我国农业补贴已经逼近上 8.5%的上限。因此，我们必须遵循世界贸易组织规则，调整农业补贴政策，逐步将黄箱政策转为绿箱政策，扩大绿箱政策支持范围，通过"绿箱政策"措施，加大对农业农村的投入和支持。

2. 农业补贴政策调整的主要内容

根据中央要求，山东省将农作物良种补贴、种粮农民直接补贴和农资综合补贴，合并为"农业支持保护补贴"，政策目标为支持耕地地力保护和粮食适度规模经营。

（1）支持耕地地力保护。将 80%的农资综合补贴存量资金、种粮农民直接补贴和农作物良种补贴资金，统筹用于支持耕地地力保护。补贴对象：全省种粮（小麦）农民。补贴依据：以小麦种植面积为依据进行补贴。补贴标准：各市按照每亩不低于125元的标准发放，具体标准由各市根据切块资金规模和本地区小麦种植面积等因素确定。补贴用途：减少农药化肥施用量，用好畜禽粪便，多施农家肥；鼓励有效利用农作物秸秆，通过青贮发展食草畜牧业，禁止焚烧秸秆，控制农业面源污染；大力发展节水农业，推广水肥一体化等农业绿色产业发展的重大技术措施，主动保护地力；鼓励深松整地，改善土壤耕层结构，提高蓄水保墒和抗旱能力；发展和巩固城乡环卫一体化成果，搞好垃圾、污水处理和厕所改造，为农产品质量安全创造良好的环境。补贴发放：用于耕地地力保护的补贴资金，仍通过齐鲁惠民"一本通"直接补贴到户。

（2）支持粮食适度规模经营。将20%的农资综合补贴存量资金、种粮大户补贴试点资金和农业"三项补贴"增量资金，统筹用于支持粮食适度规模经营。支持对象为主要粮食作物的适度规模生产经营者，重点向种粮大户、家庭农场、农民合作社、农业社会化服务组织等新型经营主体倾斜，体现"谁多种粮食，就优先支持谁"。该项资金重点用于以下方面。一是对种粮大户和种植粮食家庭农场进行补贴。补贴依据：种植小麦，且压茬种植玉米、水稻或其他作物的，以小麦种植面积为补贴依据；种植单季水稻的，以水稻种植面积为补贴依据。补贴标准：经营土地面积50亩以上、200亩以下的，每亩按照60元标准进行补贴；200亩及以上的，每户限额补贴1.2万元，防止"垒大户"。补贴发放：通过齐鲁惠民"一本通"直接补贴到户。二是加强全省农业信贷担保体系建设，发展省、市、县三级农业、供销担保公司，强化银担合作机制，解决新型经营主体在粮食适度规模经营中的"融资难""融资贵"问题。三是围绕粮食生产，积极推广土地托管服务模式，鼓励供销、邮政、农机等单位发展农业合作社，开展全程托管或主要生产环节托管，实现统一耕作、规模化生产、社会化服务，提高全省规模化率。四是支持社会化服务组织对粮食烘干、棉花机采、仓储物流等设备设施的购置和研发，支持开展小麦宽幅精播、秸秆还田、深耕深松、病虫害统防统治、节水灌溉等农业技术推广，提高为农服务水平。五是支持农业和供销系统建立为农服务中心和平台，加强农民培训基地建设，加大职业农民培训。

（三）农作物良种补贴调整情况

农业"三项补贴"政策调整后，农作物良种补贴政策随之调整。由于小麦、玉米种植面积与耕地地力保护补贴面积高度重合，小麦、玉米良种补贴一并纳入耕地地力保护补贴，不再单独实施，由各地从支持粮食适度规模经营资金中，采取多种形式支持农业部门和社会化服务组织实施小麦良种统一供种，确保小麦良种质量和覆盖率。由于启动棉花目标价格改革补贴政策，对棉花良种不再补贴。鉴于花生良种补贴涉及全省 34 个县（市、区），覆盖面较广，亩均补贴数额较大，继续保留 1 年。对部分水稻种植面积较大的县（市、区），在 2015 年资金安排上予以适当倾斜。

五、与农民关系密切的具体政策

农村政策数量大、内容多、范围广，难以全面阐述。下面选择部分与农民群众直接相关的政策，作简要介绍。

（一）小麦、水稻最低收购价政策

为保护农民利益，防止"谷贱伤农"，2015 年国家继续在粮食主产区实行最低收购价政策，小麦（三等）最低收购价格每 50 千克/118 元，早籼稻（三等，下同）、中晚籼稻和粳稻最低收购价格分别为每 50 千克/135 元、50 千克/138 元和 50 千克/155 元，保持 2014 年水平不变。

（二）农产品目标价格政策

2014 年，为探索推进农产品价格形成机制与政府补贴脱钩的改革，逐步建立农产品目标价格制度，切实保证农民收益，国家启动了东北和内蒙古自治区的大豆、新疆维吾尔自治区的棉花目标价格改革试点，积极探索粮食、生猪等农产品目标价格保险试点，开展粮食生产规模经营主体营销贷款试点。2015 年，国家在 20 个省市启动主要口粮作物、生猪和蔬菜的目标价格保险试点。山东省是试点单位之一，主要开展蔬菜目标价格保险保费补贴试点，首批纳入试点的是大白菜、大蒜、马铃薯 3 个品种。目标价格参照参保蔬菜品种在保险期间内前 3 年平均生产价格（地头收购价）确定，平均生产价格参照参保蔬菜品种生长期内所发生的直接物化成本和人工成本确定。大白菜目标价格保险为：保险费率 10%，保险费 110 元/每亩，保险金额 1 100 元/亩；大蒜目标价格保险为：保险费率 10%，保险费 250 元/亩，保险金额 2 500元/亩；马铃薯目标价格保险为：保险费率 8%，保险费 64 元/亩，保险金额 800 元/亩。保费由投保农户自行承担 20%，各级政府补贴 80%。各品种具体保险条款由保险合同约定。

在山东省启动棉花目标价格改革补贴。按照确定的补贴方案，2014 年全省享受棉花良种补贴的种棉农户，均可得到每亩 235 元的补贴。补贴资金发放参照粮食直补程序和方式进行，并于 2014 年 4 月 10 日前通过"齐鲁惠民一本（卡）通"账户拨付到位。

（三）农业保险支持政策

2006 年，山东省在临清、寿光、章丘 3 个县级市启动农业保险试点，当时只有小麦、玉米、蔬菜大棚和奶牛 4 个险种。2014 年山东省政策性农业保险增容扩面，新增花生、森林、育肥猪、日光温室、苹果、桃等险种，并覆盖到全省。

从 2015 年开始，小麦、玉米和棉花的保险费率提高 30% ~

50%，并根据农业生产成本上浮情况适当上调保险金额。新增品种中，花生保险费 16 元/亩，保险金额 400 元/亩；育肥猪保险费 30 元/头，保险金额 500 元/头；森林中公益林保险费 4 元/亩，保险金额 800 元/亩；商品林保险费 6 元/亩，保险金额 1 000 元/亩；日光温室保险费 400 元/亩，保险金额 20 000 元/亩；苹果保险费 100 元/亩，保险金额 2 000 元/亩；桃保险费 75 元/亩，保险金额 1 500 元/亩。保费由各级政府补贴 80%，其余 20% 由农户承担；投保农户承担的保费不到位，财政不予补贴。

（四）测土配方施肥补助政策

深入推进测土配方施肥，免费为农户提供测土配方施肥技术服务。在项目实施上因地制宜统筹安排取土化验、田间试验，不断完善粮食作物科学施肥技术体系，扩大经济园艺作物测土配方施肥实施范围，逐步建立经济园艺作物科学施肥技术体系。加大农企合作力度，推动配方肥进村入户到田，探索种粮大户、家庭农场、专业合作社等新型经营主体配方肥使用补贴试点，支持专业化、社会化配方施肥服务组织发展，应用信息化手段开展施肥技术服务。

（五）化肥、农药零增长支持政策

为支持使用高效肥和低残留农药，从 2014 年开始，中央财政安排高效缓释肥集成模式示范项目，在黑龙江、吉林、河南、甘肃和山东 5 个省重点推广玉米种肥同播一次性施用高效缓释肥料技术模式和地膜春玉米覆盖栽培底施高效缓释肥料技术模式。从 2011 年开始，国家启动了低毒生物农药示范补贴试点，2015 年继续园艺作物生产大县开展低毒生物农药示范补助试点，补助农民因采用低毒生物农药而增加的用药支出，鼓励和带动低毒生物农药的推广应用。

（六）耕地保护与质量提升补助政策

从 2014 年起，"土壤有机质提升项目"改为"耕地保护与质量提升项目"。鼓励和支持种粮大户、家庭农场等新型农业经营主体及农民还田秸秆，加强绿肥种植，增施有机肥，改良土壤，培肥地力，促进有机肥资源转化利用，改善农村生态环境，提升耕地质量。一是全面推广秸秆还田综合技术。主要解决玉米秸秆量大，机械粉碎还田后影响下茬作物生长、农民又将粉碎的秸秆搂到地头焚烧的问题。根据不同区域特点，推广应用不同秸秆还田技术模式。二是加大地力培肥综合配套技术应用力度。集成秸秆还田、增施有机肥、种植肥田作物、施用土壤调理剂等地力培肥综合配套技术，大力推广应用。三是加强绿肥种植示范区建设。主要在冬闲田、秋闲田较多，种植绿肥不影响粮食和主要经济作物发展的地区，设立绿肥种植示范区，带动当地农民恢复绿肥种植，培肥地力，改良土壤。

（七）设施农用地支持政策

2014 年国家印发了《关于进一步支持设施农业健康发展的通知》，进一步完善了现行的设施农用地政策。

1. 将规模化粮食生产所必需的配套设施用地纳入"设施农用地"管理

农业专业大户、家庭农场、农民合作社、农业企业等从事规模化粮食生产所必需的配套设施用地，包括晾晒场、粮食烘干设施、粮食和农资临时存放场所、大型农机具临时存放场所等设施用地，按照农用地管理，不需要办理农用地转用审批手续。

2. 细化了设施农用地管理的要求

生产设施、附属设施和配套设施用地直接用于或者服务于农业生产，其性质属于农用地，按农用地管理，不需办理农用地转用审批手续。进行工厂化作物栽培的，附属设施用地规模原则上控制在项目用地规模 5% 以内，但最多不超过 10 亩；规模化畜禽养殖的附属设施用地规模原则上控制在项目用地规模 7% 以内（其中，规模化养牛、养羊的附属设施用地规模比例控制在 10% 以内），但最多不超过 15 亩；水产养殖的附属设施用地规模原则上控制在项目用地规模 7% 以内，但最多不超过 10 亩。南方从事规模化粮食生产种植面积 500 亩、北方 1 000 亩以内的，配套设施用地控制在 3 亩以内；超过上述种植面积规模的，配套设施用地可适当扩大，但最多不得超过 10 亩。设施建设应尽量利用荒山荒坡、滩涂等未利用地和低效闲置的土地，不占或少占耕地。确需占用耕地的，应尽量占用劣质耕地，避免滥占优质耕地，鼓励采取耕作层剥离等技术措施保护耕地，签订土地复垦协议，替代在实践中很难做到的"占一补一"要求。生产结束后，经营者应按相关规定进行土地复垦，占用耕地的应复垦为耕地。平原地区规模化粮食生产配套设施建设，选址确实难以避开基本农田的，允许经论证后占用基本农田，并按质保量补划。鼓励地方政府统一建设公用设施，提高农用设施利用效率，集约节约用地。增加非农建设占用设施农用地时，应依法办理农用地转用和落实耕地占补平衡义务。

3. 将设施农用地管理制度由"审核制"改为"备案制"

按照国务院清理行政审批的整体要求，将设施农用地管理由审核制改为备案制，在简化设施农用地审批程序的同时，要求乡镇、县级人民政府和国土、农业部门依据职责依法加强监督管理，并将设施农用地管理情况纳入省级政府耕地保护责任目标考核，落实共同监管责任。

（八）发展畜牧业补贴政策

1. 畜牧良种补贴政策

补贴标准为生猪良种补贴为每头能繁母猪 40 元；奶牛良种补贴为荷斯坦牛、娟姗牛、奶水牛每头能繁母牛 30 元，其他品种每头能繁母牛 20 元；肉牛良种补贴为每头能繁母牛 10 元；羊良种补贴为每只种公羊 800 元，开展优质荷斯坦种用胚胎引进补贴试点，每枚补贴 5 000元。

2. 畜牧标准化规模养殖支持政策

重点支持生猪标准化规模养殖小区（场）、奶牛标准化规模养殖小区（场）建设，支持资金主要用于养殖场（小区）水电路改造、粪污处理、防疫、挤奶、质量检测等配套设施建设等。因政策资金调整优化等原因，2015 年暂停支持生猪标准化规模养殖场（小区）建设一年。

3. 动物防疫补贴政策

主要包括以下 5 个方面。

（1）重大动物疫病强制免疫疫苗补助，对高致病性禽流感、口蹄疫、高致病性猪蓝耳病、猪瘟、小反刍兽疫等动物疫病实行强制免疫政策，养殖场（户）无需支付强制免疫疫苗费用。

（2）畜禽疫病扑杀补助，对高致病性禽流感、口蹄疫、高致病性猪蓝耳病、小反刍兽疫发病动物及同群动物和布病、结核病阳性奶牛实施强制扑杀，对扑杀造成的损失予以补助。

（3）基层动物防疫工作补助，主要用于村级防疫员畜禽强制免疫等基层动物防疫工作的劳务补助。

（4）养殖环节病死猪无害化处理补助，年出栏生猪 50 头以上，对养殖环节病死猪进行无害化处理的生猪规模化养殖场（小区），给予每头 80 元的无害化处理费用补助。2015 年，病死猪无害化处理补助范围由规模养殖场（区）扩大到生猪散养户。

（5）生猪定点屠宰环节病害猪无害化处理补贴，病害猪损失补贴为每头 800 元，无害化处理补贴为每头 80 元。

（九）农机购置补贴政策

从 2004 年起，山东省启动实施农机购置补贴。目前，农机购置补贴重点补贴粮棉油等主要农作物生产关键环节所需机具，主要补贴耕整地机械、种植施肥机械、田间管理机械、收获机械等 11 大类、35 小类 78 个品目的机具。

农机购置补贴资金执行定额补贴，即同一种类、同一档次农业机械在省域内实行统一的补贴标准。一般机具单机补贴额不超过 5 万元；挤奶机械、烘干机单机补贴额不超过 12 万元；100 马力以上大型拖拉机、高性能青饲料收获机、大型免耕播种机、大型联合收割机、水稻大型浸种催芽程控设备单机补贴额不超过 15 万元；200 马力以上拖拉机单机补贴额不超过 25 万元；大型棉花采摘机单机补贴额不超过 60 万元。

补贴对象为直接从事农业生产的个人和农业生产经营组织，补贴额在 3 万元以上（含）的机具，农业生产个人每户农牧渔民、农场（林场）职工年度内享受补贴机具台数限制为 1 台（套），农业生产经营组织年度内享受补贴机具台数限制为 6 台（套）。补贴额在 3 万元以下（不含）的机具，享受补贴购置农机具的台（套）数或享受补贴资金总额上限，由各市结合实际自行确定。

继续开展农机报废更新补贴试点工作。小型拖拉机、悬挂式联合收割机报废年限为 10 年，履带式拖拉机、自走式联合收割机报废年限为 12 年，大中型拖拉机报废年限为 15 年。补贴标准，根据机型和类别实行分类定额补助，补贴资金为 500～18 000 元。具体补贴标准和申请程序，可咨询当地农机、财政部门。

另外，实施农机深松整地作业补助，补助对象为开展农机深松整地作业的农机合作社、农机大户、家庭农场、种粮大户等农业生产经营组织。农机深松整地作业实行定额补助，补助标准为每亩 40 元。

（十）新型农业经营主体扶持政策

培育新型农业经营主体，核心是发挥家庭经营的基础作用，探索新的集体经营方式，加快发展农户间的合作经营，鼓励发展适合企业化经营的现代种养业，推进家庭经营、集体经营、合作经营、企业经营等共同发展。

1. 扶持家庭农场发展

采取一系列措施引导支持家庭农场健康稳定发展，主要包括：开展示范家庭农场创建活动，推动落实涉农建设项目、财政补贴、税收优惠、信贷支持、抵押担保、农业保险、设施用地等相关政策，加大对家庭农场经营者的培训力度，鼓励中高等学校特别是农业职业院校毕业生、新型农民和农村实用人才、务工经商返乡人员等兴办家庭农场。发展多种形式的适度规模经营。鼓励有条件的地方建立家庭农场登记制度，明确认定标准、登记办法、扶持政策。探索开展家庭农场统计和家庭农场经营者培训工作。推动相关部门采取奖励补助等多种办法，扶持家庭农场健康发展。近几年，山东省家庭农场发展迅速，目前全省有家庭农场 3.8 万家，有力地推动了农业的专业化、规模化、集约化。

案例 10：家庭农场健康稳定的发展

山东胶州鸿飞大沽河农场，用短短 5 年时间打造出规模超过 5 000 亩的家庭农场。其中，粮食种植面积达 3 000 多亩，土豆种植面积 1 500~1 600 亩，拥有大型农用机械 30 台。农场靠天吃饭的日子已经过去了，种地都是在驾驶室里完成，耕种使用免耕施肥播种机，施肥、播种、培土一体化操作，日耕地 500~800 亩；喷射 18 米的喷药机已经淘汰，改用飞机喷洒农药，5 000 亩地一袋烟功夫完成。在农业技术方面，大沽河农场直接和省、市级科研所对接，一边是实验室、一边是田间地头，理论与实践双向整合农业技术。在农产品销售方面，采取订单种植的方式确保农产品销路，农作物没有成熟就已经有买主，不管市场怎样波动，都能做到稳赚不赔。

当然，由于家庭农场经营规模都比较大，在生产经营中往往会遇到意想不到的风险和困难。例如，以种粮食为主的家庭农场，每到收获季节，晒粮、储粮就会成为农场主们最头疼的事情，甚至造成重大损失。

2. 扶持农民合作社发展

鼓励农村发展合作经济，扶持发展规模化、专业化、现代化经营，允许财政项目资金直接投向符合条件的合作社，允许财政补助形成的资产转交合作社持有和管护，允许合作社开展信用合作。引导农民专业合作社拓宽服务领域，促进规范发展，实行年度报告公示制度，深入推进示范社创建行动。2015 年将深入推进合作社规范发展，启动国家示范社动态监测，把运行规范的合作社尤其是示范社作为政策扶持重点和"三农"建设项目的重要承担主体；引导督促合作社开展年度报告公示，及时准确报送和公示生产经营、资产状况等信息；坚持社员制封闭性，依托产业发展，按照对内不对外、吸股不吸储、分红不分息的原则，稳妥开展农民合作社内部信用合作试点。

山东省是国家唯一开展农民合作社内部信用合作试点的省份。2014 年，国务院安排山东省对发展新型农村合作金融进行试点，为全国提供可复制、可推广的经验。山东省委、省政府高度重视这项工作，在广泛调研和多方论证的基础上，形成了山东省新型农村合作金融《试点方案》和《暂行办法》等，并上报国务院。2014 年年底，国务院原则同意山东省开展新型农村合作金融试点。2015 年年初，省政府办公厅正式下发了《关于印发山东省农民专业合作社信用互助业务试点方案和山东省农民专业合作社信用互助业务试点管理暂行办法的通知》，试点工作正式展开。山东省试点的农民专业合作社信用互助业务，是在符合条件的农民专业合作社内部，经依法取得试点资格，以服务合作社生产流通为目的，由本社社员相互之间进行互助性信用合作的行为。开展这项试点工作的目的是通过规范发展农民专业合作社内部信用合作，为"三农"提供最直接、最基础的金融服务，进一步完善农村金融体系，更好地满足"三农"金融需求。试点目标是：力争到 2017 年年底，初步建立起与山东省农村经济相适应、运行规范、监管有力、成效明显的新型农村合作金融框架，使之成为正规金融服务体系的有益补充，更好满足农民金融需求，促进山东省农业农村经济发展。同时，也为我国健全和完善农村金融服务体系探索可行路径。

信用互助业务试点坚持社员制、封闭性、民主管理原则，不吸储放贷，不支付固定回报，不以盈利为目的，遵循合作社规则进行盈余分配，最大限度地减少风险外溢，有效服务农民需求。

（1）依托规范的农民专业合作社。开展信用互助业务试点的合作社需要满足存续期 2 年以上，具有良好的实体经济背景，有稳定的经营收入，产业基础扎实，具有基本管理制度，理事长信誉良好等条件。

（2）严格社员管理。《试点方案》对参与信用互助业务试点的农民专业合作社社员的入社年限、居住地（注册地）、出资额度等都做了限制，要求开展信用互助业务试点的农民专业合作社为每个社员设立社员账户，在农民专业合作社内定期进行公示，并允许社员查阅。

（3）严密防控风险。信用互助业务试点具有经营地域和资本规模限制。资金主要用于支持农民专业合作社生产经营的流动性资金需求，设定投放期限和对单一社员投放额度的上限，使用全省统一的信用互助业务试点专用账簿和凭证。

（4）建立民主决策机制。根据合作社原则建立议事规则，成立由农民专业合作社管理人员和社员代表组成的资金使用评议小组，每年对社员出资情况、信用状况、资金需求和使用成本公开评议 1 次，确定每位社员的授信额度并予以公示，社员可在授信额度内申请使用资金。规避能人主导，培育农民的民主议事能力，用社员间的相互监督减少风险。

（5）引入托管银行制度。开展信用互助业务试点的农民专业合作社要选择 1 家银行业机构，作为其信用互助业务试点账户开立和资金存放、支付及结算的唯一合作托管银行。合作托管银行要为开展信用互助业务试点的农民专业合作社提供业务指导、风险预警、财务辅导等服务。有条件的农民专业合作社，经监管部门批准，可以与合作托管银行开展资金融通合作，满足其季节性临时资金需求。

（6）健全监管体制机制。信用互助业务试点实行资格认定管理，地方金融监管局是信用互助业务试点的监督管理部门。自愿开展信用互助业务试点的农民专业合作社，应当向县（市、区）地方金融监管局提出书面申请，取得"农民专业合作社信用互助业务试点资格认定书"后，方可开展试点。同时，建立现场及非现场监管、信息披露和社会监督制度、风险事项报告及应急处置等一系列监管制度。

根据山东省试点方案，试点分为3个阶段。

第一阶段：从2015年2—12月底，为引导规范和试点启动阶段。根据省政府办公厅下发的《山东省农民专业合作社信用互助业务试点管理暂行办法》（以下简称《暂行办法》），对于经过引导规范达到《暂行办法》要求的，各县（市、区）地方金融监管局予以资格认定，颁发资格认定证书。各设区市政府根据当地农村经济发展需要、农民专业合作社发展水平和金融监管等条件，可以选择1个县（市、区）开展信用互助业务试点工作。其中，枣庄市可以选择2个区（市），潍坊、临沂市可选择3个县（市、区）开展试点。各设区市政府要制订试点方案，报省金融办会同有关部门研究确定后实施。

第二阶段：从2016年1—12月，为试点推广阶段。在总结试点经验的基础上，逐步扩大试点范围，稳妥有序地在全省铺开。

第三阶段：从2017年1月至2017年年底，为完善提高阶段。加快山东省农民专业合作社信用互助立法进程，探索开展社区性农村信用互助组织试点，初步建成与山东农业农村农民发展需要相适应的新型农村合作金融框架。

　　同时，引导工商资本到农村发展适合企业化经营。农业部、中央农办、国土资源部、国家工商总局四部门联合下发的《关于加强对工商资本租赁农地监管和风险防范的意见》明确，引导工商资本到农村发展适合企业化经营的现代种养业，主要是鼓励其重点发展资本、技术密集型产业，从事农产品加工流通和农业社会化服务，推动传统农业加速向现代农业转型升级，促进一、二、三产业融合发展。鼓励工商资本发展良种种苗繁育、高标准设施农业、规模化养殖等适合企业化经营的现代种养业，开发农村"四荒"资源发展多种经营，投资开展土地整治和高标准农田建设。工商企业长时间、大面积租赁农户承包地要有明确的上限控制，承包期限不得超过二轮承包剩余时间；租赁面积，由各地综合考虑人均耕地状况、城镇化进程和农村劳动力转移规模、农业科技进步和生产手段改进程度、农业社会化服务水平等因素确定，既可以确定本行政区域内工商资本租赁农地面积占承包耕地总面积比例上限，也可以确定单个企业（组织或个人）租赁农地面积上限。按照工商资本租地面积的多少，以乡镇、县（市）为主建立农村土地经营权流转分级备案制度，探索建立资格审查、项目审核制度。健全工商资本租赁农地风险防范机制，以保障承包农户合法权益为核心，加强风险防范。工商资本租赁农地应通过公开市场规范进行。工商资本租赁农地应先付租金、后用地。租地企业（组织或个人）可以按一定时限或按一定比例缴纳风险保障金。强化工商资本租赁农地事中事后监管，切实保障农地农用，严禁耕地"非农化"。同时，工商资本进入农业应通过利益联结、优先吸纳当地农民就业等多种途径带动农民共同致富，不排斥农民，不代替农民，实现合理分工、互利共赢，让农民更多地分享现代农业增值收益。

（十一）农村土地政策

　　现行农村土地政策的基本内涵是：坚持农村土地农民集体所

有，依法维护农民土地承包经营权，稳定土地承包关系并保持长久不变，在坚持和完善最严格的耕地保护制度前提下，赋予农民对承包地占有、使用、收益、流转及承包经营权抵押、担保权能。

1. 农村土地承包经营权确权登记颁证

农村土地承包经营权确权登记颁证工作，主要是解决承包地块面积不准、四至不清、空间位置不明、登记簿不健全等问题。实现承包面积、承包合同、经营权登记簿、经营权证书"四相符"；承包地分配、承包地四至边界测绘登记、承包合同签订、承包经营权证书发放"四到户"。山东省作为全国试点省份，2016 年基本完成农村土地承包经营权确权登记颁证工作。农村土地承包经营权确权登记颁证的基本原则是"三不变，一严禁"，即原有土地承包关系不变、农户承包地块不变、二轮土地承包合同的起止年限不变；严禁借机调整和收回农户承包地。

2. 农村土地承包经营权流转政策

2014 年 11 月，中共中央办公厅、国务院办公厅印发了《关于引导农村土地经营权有序流转发展农业适度规模经营的意见》，对农村土地承包经营权流转提出了明确要求，作出了明确规定。

农村土地承包经营权流转要做到"两个坚持""三权分置""三个鼓励"、严格规范，核心是促进农业适度规模经营。"两个坚持"是坚持农村土地集体所有、坚持家庭经营的基础性地位。"三权分置"是实现所有权、承包权、经营权三权分置，落实所有权，稳定承包权，放活经营权，使具有土地承包权的农民，不仅可以安心地离开土地进城务工，还可以享受土地流转带来的经济效益。"三个鼓励"是鼓励承包农户依法采取转包、出租、互换、转让及入股等方式流转承包地；鼓励有条件的地方制定扶持政策，引导农户长期流转承包地并促进其转移就业；鼓励农民在自愿前提下采取互换并地方式解决承包地细碎化问题。严格规范，是没有农户的书面委托，农村基层组织无权以任何方式决定流转农户的承包地；严禁通过定任务、下指标或将流转面积、流转比例纳入绩效考核等方式推动土地流转。

发展农业适度规模经营要适度规模、确立新规。适度规模的"度"是土地经营规模相当于当地户均承包地面积 10～15 倍、务农收入相当于当地二三产业务工收入。确立的新规，是"4 个严禁"：严禁借土地流转之名违规搞非农建设，严禁在流转农地上建设或变相建设旅游度假村、高尔夫球场、别墅、私人会所等，严禁占用基本农田挖塘栽树及其他毁坏种植条件的行为，严禁破坏、污染、圈占闲置耕地和损毁农田基础设施。

3. 稳步推进农村土地制度改革试点

2015 年 1 月，中共中央办公厅和国务院办公厅联合印发了《关于农村土地征收、集体经营性建设用地入市、宅基地制度改革试点工作的意见》，这标志着，我国农村土地制度改革进入试点阶段。总的要求是，在确保土地公有制性质不改变、耕地红线不突破、农民利益不受损的前提下，按照中央统一部署，审慎稳妥推进农村土地制度改革。分类实施农村土地征收、集体经营性建设用地入市、宅基地制度改革试点。

（1）完善土地征收制度，制定缩小征地范围的办法，建立兼顾国家、集体、个人的土地增值收益分配机制，合理提高个人收益。完善对被征地农民合理、规范、多元保障机制。

目前，土地征收补偿的主要法律依据是《中华人民共和国土地管理法》。《中华人民共和国土地管理法》第四十七条对土地征收补偿作出规定：征收耕地的补偿费用包括土地补偿费、安置补助费以及地上附着物和青苗的补偿费。征收耕地的土地补偿费，为该耕地被征收前 3 年平均年产值的 6～10 倍。征收耕地的安置补助费，按照需要安置的农业人口数计算。需要安置的农业人口数，按照被征收的耕地数量除以征地前被征收单位平均每人占有耕地的数量计算。每一个需要安置的农业人口的安置补助费标准，为该耕地被征收前 3 年平均年产值的 4～6 倍。但是，每公项被征收耕地的安置补助费，最高不得超过被征收前 3 年平均年产值的 15 倍。

征收其他土地的土地补偿费和安置补助费标准，由省、自治区、直辖市参照征收耕地的土地补偿费和安置补助费的标准规定。

被征收土地上的附着物和青苗的补偿标准，由省、自治区、直辖市规定。

征收城市郊区的菜地，用地单位应当按照国家有关规定缴纳新菜地开发建设基金。

依照本条第二款的规定支付土地补偿费和安置补助费，尚不能使需要安置的农民保持原有生活水平的，经省、自治区、直辖市人民政府批准，可以增加安置补助费。但是，土地补偿费和安置补助费的总和不得超过土地被征收前 3 年平均年产值的 30 倍。

国务院根据社会、经济发展水平，在特殊情况下，可以提高征收耕地的土地补偿费和安置补助费的标准。

（2）建立农村集体经营性建设用地入市制度，赋予符合规划和用途管制的农村集体经营性建设用地出让、租赁、入股权能，建立健全市场交易规则和服务监管机制。

农村集体建设用地分为三大类：宅基地、公益性公共设施用地和经营性用地。其中，农村集体经营性建设用地，是指具有生产经营性质的农村建设用地，如过去的乡镇企业用地等。

2013 年 11 月，党的十八届三中全会作出的《中共中央关于全面深化改革若干重大问题的决定》指出，建立城乡统一的建设用地市场。在符合规划和用途管制前提下，允许农村集体经营性建设用地出让、租赁、入股，实行与国有土地同等入市、同权同价。缩小征地范围，规范征地程序，完善对被征地农民合理、规范、多元保障机制。扩大国有土地有偿使用范围，减少非公益性用地划拨。建立兼顾国家、集体、个人的土地增值收益分配机制，合理提高个人收益。

在《关于农村土地征收、集体经营性建设用地入市、宅基地制度改革试点工作的意见》中，针对农村集体经营性建设用地，中央进一步明确，要完善农村集体经营性建设用地产权制度，赋予农村集体经营性建设用地出让、租赁、入股权能；明确农村集体经营性建设用地入市范围和途径；建立健全市场交易规则和服务监管制度。

（3）依法保障农民宅基地权益，改革农民住宅用地取得方式，探索农民住房保障的新机制。

宅基地是农村的农户或个人用作住宅基地而占有、使用的集体所有土地，包括建了房屋、建过房屋或者决定用于建造房屋的土地，宅基地的所有权属于农村集体经济组织。现行的宅基地使用权制度可以概括为：集体所有，村民使用；一户一宅，限制面积；福利分配，长期使用，限制权能，无偿收回。2007 年 3 月颁布的《中华人民共和国物权法》把宅基地使用权确定为用益物权，农民对宅基地有占权和使用权，而没有收益和处分权。国家规定，农民的住宅不得向城市居民出售，也不得批准城市居民占用农民集体土地建住宅。党的十八届三中全会《决定》指出，保障农户宅基地用益物权，改革完善农村宅基地制度，选择若干试点，慎重稳妥推进农民住房财产权抵押、担保、转让，探索农民增加财产性收入渠道。改革完善农村宅基地制度试点的主要任务是针对农户宅基地取得困难、利用粗放、退出不畅等问题，完善宅基地权益保障和取得方式，探索农民住房保障在不同区域户有所居的多种实现形式；对因历史原因形成超标准占用宅基地和一户多宅等情况，探索实行有偿使用；探索进城落户农民在本集体经济组织内部自愿有偿退出或转让宅基地；改革宅基地审批制度，发挥村民自治组织的民主管理作用。

（十二）农村集体产权制度改革政策

党的十八届三中全会《决定》指出："保障农民集体经济组织成员权利，积极发展农民股份合作，赋予农民对集体资产股份占有、收益、有偿退出及抵押、担保、继承权"。2015 年年底，农业部、中央农办、林业总局联合制定下发了《积极发展农民股份合作赋予农民集体资产股份权能改革试点方案》。山东省东平县、黄岛区、昌乐县被列入全国试点范围。农村集体产权制度改革，要求以清产核资、资产量化、股权管理为主要内容，逐步建立"归属清晰、权能完整、流转顺畅、保护严格"的农村集体产权制度。

对土地等资源性资产，重点是抓紧抓实土地承包经营权确权登记颁证工作，总体上要确地到户，从严掌握确权确股不确地的范围。

对非经营性资产，重点是探索有利于提高公共服务能力的集体统一运营管理有效机制。

对经营性资产，重点是明晰产权归属，将资产折股量化到本集体经济组织成员，发展多种形式的股份合作。开展赋予农民对集体资产股份权能改革试点，试点过程中要防止侵蚀农民利益，试点各项工作应严格限制在本集体经济组织内部。

农村集体资金、资产、资源属于村（组）集体（以下简称集体经济组织）全体成员集体所有，要健全农村集体"三资"管理监督和收益分配制度，本着民主、公开、成员受益原则，采取不同的经营模式和管理方式，提高经营管理水平，确保资金、资产、资源的安全和保值增值，让农民群众得到更多实惠

（十三）农村危房改造补助政策

补助对象重点是住在危房中的农村分散供养五保户、低保户、贫困残疾人家庭和其他贫困户。2015 年，农村危房改造中央补助标准为每户平均 7 500 元，在此基础上对贫困地区每户增加 1 000 元补助，对建筑节能示范户每户增加 2 500 元补助。在任务安排上，对国家确定的集中连片特殊困难地区和国家扶贫开发工作重点县等贫困地区、抗震设防烈度 8 度及以上的地震高烈度设防地区予以

倾斜。

（十四）村级公益事业建设一事一议财政奖补政策

村级公益事业一事一议财政奖补，是政府对村民一事一议筹资筹劳开展村级公益事业建设项目，采取以奖代补、民办公助的方式，进行奖励或补助的政策。其目的是以农民自愿出资出劳为基础，以政府奖补资金为引导，建立多方投入、共同推进的村级公益事业建设投入新机制，促进社会主义新农村建设。

根据《山东省人民政府办公厅关于印发山东省村民一事一议筹资筹劳管理办法的通知》（鲁政办发〔2011〕37 号文）规定，向农民筹资筹劳实行上限控制。一年内每个村民所负担的一事一议资金，东部地区不超过 25 元，中部地区不超过 20 元，西部地区不超过 15 元。以资代劳标准，东中西部地区分别执行 30 元/日、25 元/日、20 元/日。每个劳动力负担的劳务不超过 10 个工作日。

根据国务院办公厅转发农业部《村民一事一议筹资筹劳管理办法》，一事一议筹资筹劳的对象是本村户籍在册人口或者所议事项受益人口。筹劳的对象为本村户籍在册人口或者所议事项受益人口中的劳动力。劳动力的具体年龄范围为男性 18~60 周岁，女性 18~55 周岁。五保户、低保户、现役军人不承担筹资筹劳任务；退出现役的伤残军人、革命烈士家属、在校就读的学生、孕妇和分娩未满一年的妇女不承担筹劳任务。

属于下列情形之一的，可以申请减免筹资筹劳任务。

（1）"家庭确有困难，不能承担或者不能完全承担筹资任务的农户可以申请减免筹资。"

（2）"因病、伤残或者其他原因不能承担或者不能完全承担劳务的村民可以申请减免筹劳。"对符合一事一议筹资筹劳减免条件的，由当事村民口头或书面提出申请，经村民委员会审查后张榜公布，群众对公布无异议的，以村民会议或村民代表会议讨论通过后，给予减免。

一事一议财政奖补范围主要有 9 大类 20 项内容，主要包括村内小型水利设施、桥涵、村内道路、村内环卫设施、村容美化亮化、村内公共活动场所、村内新能源设施等项目，优先解决群众最需要、见效最快的村内道路硬化、村容村貌改造等公益事业建设项目。财政奖补既可以是资金奖励，也可以是实物补助。

(十五) 推进农村环境综合整治政策

推进新一轮农村环境连片整治，重点治理农村垃圾和污水。推行县域农村垃圾和污水治理的统一规划、统一建设、统一管理，有条件的地方推进城镇垃圾污水设施和服务向农村延伸。对规划保留村庄实施"三清四改四通五化"等环境整治工程，重点解决道路泥泞、排水不畅、垃圾乱扔等问题，推广"户集、村收、镇运、县处理"生活垃圾处理模式，全省农村生活垃圾无害化处理率达到 90% 以上，70% 的建制镇和全部农村新型社区建有污水处理设施，实现城乡环卫一体化全覆盖。建立村庄保洁制度，推行垃圾就地分类减量和资源回收利用。大力开展生态清洁型小流域建设，整乡整村推进农村河道综合治理。推进规模化畜禽养殖区和居民生活区的科学分离，引导养殖业规模化发展，支持规模化养殖场畜禽粪污综合治理与利用。逐步建立农村死亡动物无害化收集和处理系统，加快无害化处理场所建设。合理处置农田残膜、农药包装物等废弃物，加快废弃物回收设施建设。推动农村家庭改厕，全面完成无害化卫生厕所改造任务。适应种养大户等新型农业经营主体规模化生产的需求，统筹建设晾晒场、农机棚等生产性公用设施，整治占用乡村道路晾晒、堆放等现象。大力推进农村土地整治，节约集约使用土地。完善村级公益事业一事一议财政奖补机发制，重点支持村内公益事业建设与管护。

（十六）实施农村饮水安全工程政策

为解决广大农村地区饮水安全问题，2010 年国家编制完成了全国农村饮水安全"十二五"规划，山东省有 1 902 万农村居民和 207.7 万农村学校师生纳入规划任务。补助标准是，对 18 个革命老区县（市、区）人均补助 417.8 元，对菏泽市人均补助 286.3 元，对其他县（市、区）补助 261.8 元。农村饮水安全工程补助资金主要支持水源工程和村外主管网建设，村内和入户工程建设资金由村里负责协调筹集。各项目县根据当地农村饮水安全工程规划，按照"规模连片推进"的原则，统一组织项目实施。到 2018 年，全省农村自来水普及率提高到 95%，规模化集中供水率达到 85%以上。

（十七）农村沼气建设政策

重点发展以市场为导向、以效益为目标、以综合利用为手段的规模化沼气。规模化生物天然气工程建在原料规模化收集有保障、天然气气源短缺、用户需求量大的地区，主要用于接入市政燃气管网、提供车用生物天然气、给周边工商业用户供气，优先安排日产生物天然气 1 万立方米以上的大型沼气工程。大型沼气工程主要与畜牧业规模化养殖相配套，在养殖业发达和养殖污染严重的地区以畜禽粪便为原料建设，主要用于养殖场自用和发电上网。中小型集中供气沼气工程建在人口集中、原料丰富的地区，主要用于为村组居民和新农村集中供气，促进美丽乡村建设。大中型沼气工程，对沂蒙革命老区县（区），中央财政补助项目总投资的 35%，省财政补助中央资金的 25%，每处合计不超过 175 万元；对其他县（区），中央财政补助项目总投资的 25%，省财政补助中央资金的 25%，每处合计不超过 125 万元；农村户用沼气，每户补助 1 500 元；养殖小区和联户沼气工程，根据项目服务的农户数确定补助金额，每户补助 1 500 元；沼气村级服务网点，省以上财政每个补助不低于 5 万元。鼓励沼气专业运营机构进入农村沼气建设领域，优先支持 PPP（政府与社会资本合作）模式。

（十八）培育新型职业农民政策

围绕主导产业开展农业技能和经营能力培训，加大对专业大户、家庭农场经营者、农民合作社带头人、农业企业经营管理人员、农业社会化服务人员和返乡农民工的培养培训力度。同时，制定专门规划和政策，整合教育培训资源，围绕"调结构、转方式"的目标，培育现代青年农场主，壮大新型职业农民队伍，构建新型职业农民教育培训、认定管理和政策扶持互相衔接配套的培育制度，为现代农业发展提供人力支撑，确保农业发展后继有人。

继续开展农村实用人才带头人和大学生村官示范培训，新增设一批部级农村实用人才培训基地。继续实施农村实用人才培养"百万中专生"计划，提升农村实用人才学历层次。继续开展农村实用人才认定试点，研究出台指导性认定标准和扶持政策框架，加强认定信息管理，构建科学规范的认定体系。组织实施"全国十佳农民"2015 年度资助项目，遴选 10 名从事种养业的优秀新型农民代表，每人给予 5 万元的资金资助。

（十九）提高农村医疗服务水平政策

2014 年，山东省对城镇居民基本医疗保险和新型农村合作医疗制度进行整合，建立全省统一、城乡一体的居民基本医疗保险制度，并同步实施居民大病保险制度。城乡居民医保财政补助标准从每人每年 320 元提高到 380 元，个人缴费提高至人均 120 元以上。基本公共卫生服务经费标准从人均 35 元提高到 40 元。

居民大病保险覆盖全体城乡居民，其保障对象为已参加居民基本医疗保险的人员。新生儿按当地规定办理居民基本医疗保险参保手续，自出生之日起享受居民基本医疗保险和大病保险待遇。居民大病保险与基本医疗保险相衔接。从 2015 年起，采取按医疗费用额度补偿的办法，对居民一个医疗年度发生的住院医疗费用和纳入统筹基金支付范围的门诊慢性病费用，经居民基本医疗保险补偿后，个人累计负担的合规医疗费用超过居民大病保险起付标准的部分，由居民大病保险给予补偿。居民大病保险的医疗年度为 1 月 1 日至 12 月 31 日。

2015 年大病保险筹资标准为每人 32 元，从居民基本医保基金中划拨，居民个人不缴费。全省居民大病保险起付标准为 1.2 万元，个人负担的合规医疗费用 1.2 万元以下的部分不给予补偿。个人负担的合规医疗费用 1.2 万元以上（含 1.2 万元）、10 万元以下的部分给予 50% 补偿；10 万元以上（含 10 万元）、20 万元以下的部分给予 60% 的补偿；20 万元以上（含 20 万元）以上的部分给予 65% 补偿。一个医疗年度内，居民大病保险每人最高给予 30 万元的补偿。

（二十）新型农村社会养老保险政策

国家从 2009 年开始在农村推行新型农村社会养老保险制度，2020 年之前基本实现对农村适龄居民的全覆盖。2013 年 7 月，山东省"新农保"制度与"城居保"制度并轨实施。参保范围：年满 16 周岁（不含在校学生），未参加其他社会养老保险的城乡居民，在户籍地参加居民社会养老保险。基金筹集：养老保险基金由个人缴费、集体补助或其他资助、政府补贴构成。

（1）个人缴费。个人缴费的缴费标准全省统一设为每年 100 元、300 元、500 元、600 元、800 元、1 000 元、1 500 元、2 000 元、2 500 元、3 000 元、4 000 元、5 000 元 12 个档次；其中，100 元档次只适用于重度残疾人等缴费困难群体的最低选择；除 100 元档次外，参保人自主选择缴费档次，按年缴费，多缴多得。

（2）集体补助及其他资助。集体补助及其他资助是指有条件的村（居）集体对本村（居）居民参保缴费给予补助，补助标准由村（居）民委员会民主确定；鼓励其他经济组织、社会公益组织、个人为缴费提供资助，但不能超过最高缴费档次。

（3）政府补贴。政府补贴包括基础养老金、缴费补贴、对重度残疾人等缴费困难群体的补贴三部分。基础养老金是政府对符合领取条件的 60 周岁以上参保人全额支付基础养老金，2015 年山东省城乡居民基础养老金最低标准提高到 85 元。对重度残疾人等缴费困难群体，市、县（市区）政府为其代缴部分或全部最低标准的养老保险费。养老保险待遇：养老金待遇由基础养老金与个人账户养老金两部分组成，支付终身。基础养老金按照不低于省政府规定的 85 元基础养老金的标准支付，个人账户养老金的月计发标准为个人账户全部资金积累额除以 139。参保人死亡，个人账户资金余额，除政府补贴外，依法继承。

新型农村社会养老保险制度与最低生活保障制度、农村"五保"供养制度只叠加、不扣减、不冲销并兼顾现行政策的原则，确保现有待遇水平不降低。

（二十一）加快推进农业转移人口市民化政策

党的十八届三中全会明确提出要推进农业转移人口市民化，逐步把符合条件的农业转移人口转为城镇居民。政策措施主要包括 3 个方面。

1. 加快户籍制度改革

全面放开建制镇和小城市落户限制，有序放开中等城市落户限制，合理确定大城市落户条件，严格控制特大城市人口规模。建立城乡统一的户口登记制度。建立居住证制度，以居住证为载体，建立健全与居住年限等条件相挂钩的基本公共服务提供机制。

2. 扩大城镇基本公共服务覆盖面

保障农业转移人口随迁子女平等享有受教育权利。面向农业转移人口全面提供政府补贴职业技能培训服务，将农业转移人口纳入社区卫生和计划生育服务体系，把进城落户农民完全纳入城镇社会保障体系和城镇住房保障体系，加快建立覆盖城乡的社会养老服务体系。

3. 保障农业转移人口在农村的合法权益

加快推进农村土地确权登记颁证，依法保障农民的土地承包经营权、宅基地使用权。推进农村集体经济组织产权制度改革，保障成员的集体财产权和收益分配权。坚持依法自愿有偿原则，引导农业转移人口有序流转土地承包经营权。现阶段，不得以退出土地承包经营权、宅基地使用权、集体收益分配权作为农民进城落户的条件。

（二十二）减轻农民负担"四项制度"

1. 涉农收费价格公示制

乡镇政府、收费单位、行政村都要设立公示栏、公示牌等，将面向农村的所有收费项目、价格、依据、范围、举报电话等全面公开，凡是没有公示的收费，农民有权拒交。

2. 农村义务教育收费一费制

凡是由政府兴办的农村中小学，全部执行省政府制定的一费制收费办法和标准，除此以外，学校不得再向学生收取任何费用。

3. 农村公费订阅报刊费用限额制

每个乡镇公费订阅报刊占上年财政支出的比重不得超过 $1‰$，村级公费订阅报刊不得超过 800 元，省级贫困村不得超过 500 元，中心中学不超过 1 500元，中心小学不超过 800 元，其他农村小学不超过 500 元。

4. 涉及农民负担案件责任追究制

对因加重农民负担引发恶性案件的，要依照规定追究党政领导和有关责任人的责任。

模块二：农村土地承包经营制度

改革开放以来，我国农村土地承包经营制度虽几经变迁，但目标始终在于维持集体所有、均地承包、家庭经营和允许在农民自愿前提下进行土地流转的大格局。2002 年以来，党和国家出台了一系列农村土地承包政策，党的十七届三中全会《决定》指出，要赋予农民更加充分而有保障的土地承包经营权，现有土地承包关系要保持稳定并长久不变；党的"十八大"报告指出，坚持和完善农村基本经营制度，依法维护农民土地承包经营权。国家也先后颁布了《中华人民共和国农村土地承包法》（以下简称《农村土地承包法》）、《中华人民共和国物权法》（以下简称《物权法》）、《中华人民共和国农村土地承包经营纠纷调解仲裁法》（以下简称《农村土地承包经营纠纷调解仲裁法》）以及相关司法解释。农业部先后出台了《农村土地承包经营权证管理办法》（农业部令 2003 年第 33 号公布）、《农村土地承包经营权流转管理办法》（农业部令 2005 年第 47 号公布）、《农村土地承包经营纠纷仲裁规则》（农业部、国家林业局令 2010 年第 1 号公布）等部门规章。山东省也先后出台了《山东省实施〈中华人民共和国农村土地承包法〉办法》、中共山东省委、山东省人民政府《关于稳定完善农村土地承包经营制度的意见》（鲁发〔2003〕17 号）等地方规定、政策。以党和国家农村土地承包政策为基础、相关法律为骨干、相关配套法规和部门规章为补充的农村土地承包法律法规政策体系基本健全，农村土地承包经营权登记体系、农村土地土地承包经营权流转管理体系、农村土地承包经营纠纷调解仲裁体系基本建立，农村土地承包管理的法制化、规范化和制度化建设全面推进。

一、我国农村土地承包制度的确立与完善

(一) 我国土地制度的沿革

土地是人类社会最重要的生产要素, 由于它具有不可移动性, 在物质形态上是不可再生和不可流通的, 因而, 土地制度的沿革是以土地所有权的确立为核心的。在我国, 从进入阶级社会以后, 土地制度大约经历了 5 种形式。

1. 奴隶主所有, 奴隶耕作的私有制

这一所有制形式主要存在于先秦之前的奴隶社会。奴隶主通过强取豪夺, 跑马圈地以及相互残杀兼并, 霸占社会土地为己有。奴隶没有独立的社会地位, 他们归属于各强势部落和奴隶主所有, 是奴隶主的私有财产。他们耕作土地的果实, 也全部归奴隶主所有, 奴隶主的全部财产是土地+奴隶, 这是奴隶主阶层政治地位和经济势力的主要标志。

2. 地主所有, 雇工经营的封建租佃制

在汉唐时期, 封建王朝是主张均田制的。从老百姓到达官贵族, 都按一个标准分配土地。这对于奴隶社会固然是个进步, 但它与生俱来的剥削压迫农民的本质并无任何改变。普通老百姓按人口分配土地, 而达官贵族却按他所占有的奴婢分配土地, 奴婢按人口分得的土地归达官贵族所有, 家中占有的奴婢越多, 占有的土地就越多。宋朝以后, 地主作为一个独立的阶级, 垄断着社会的土地。汉唐时期土地不允许自由买卖, 宋朝以后土地经济比较活跃, 明清时期土地流转的形式就更加的繁多了。

3. 农民所有, 农户经营的社会主义私有制

新中国成立后, 从土改一直到 1953 年的初级社, 根据 1950 年颁发的《中华人民共和国土地改革法》, 我国农村土地实行农民所有的私有制, 土地均分到人, 农户自主经营。初级社后, 虽然提倡

农村土地、劳动等的互助合作，但是否入社互助，农民是自愿的，即使参加了互助合作，土地等生产资料的所有权也是明晰的，农民的主体经营地位并没改变。

4. 集体所有，农民耕作的公有制

1956 年高级社以后，我国农村土地的所有制形式发生了根本性改变。农村土地一律归集体，强迫农民入社，剥夺了农民的自主经营权。尤其是人民公社后，把公有制发展到了极端，农民不仅失去了包括土地在内的所有生产资料，而且也失去了自主劳动的权利，干什么、干多少、怎么干，都由生产队说了算，自主的收益权也由大锅饭的分配形式所代替。这一沉痛的历史，伴我们度过了整整 20 年。

5. 集体所有，家庭经营的承包制

党的十一届三中全会以后，国家开始在农村实行经营制度的改革，废除了一大二公的人民公社体制，到 1984 年，全国农村普遍实行了家庭联产承包责任制，在坚持土地集体所有的前提下，把经营权还给了农民。土地的经营以家庭为单位，把承包地面积按人口均分到户，按地亩承担税费。而且通过政策和法律的手段，赋予农民长期而稳定的土地承包权。

在整个土地制度的沿革过程中，前 3 种所有制的形成，都是通过战争或土地革命而产生的。集体所有的 2 种形式，并不是通过暴力的手段，而是通过改革和创新生产关系的手段，调整土地关系，使之不断适应社会主义生产力发展的需要。其性质是截然不同的两类矛盾。

（二）我国农村土地承包法律政策沿革

我国农村土地承包制度，围绕着农村土地经营制度的完善和创新，进行了一系列的探索和实践。在公平与效率矛盾双方的"博弈"中，走过了从包工到包产再到承包的演变历程。

1979 年 4 月，中央在《关于农村工作问题座谈会纪要》中指出，生产队可以实行分组作业、小段包工，按定额计酬的办法，但必须保持人民公社体制的稳定，不许包产到户，不许分田单干。

1980年9月，中共中央在《关于进一步加强和完善农业生产责任制的几个问题》中规定："在边远山区和贫困落后地区，集体经济长期搞不好的生产队，群众要求包产到户的，应当支持，也可以包干到户。"这个文件是肯定包产到户的第一个中央文件，对解决"包干到户""包产到户"问题的争论，推动农业体系改革，产生了重要的影响。

1982年1月1日，中共中央批转《全国农村工作会议纪要》，即第一个中央一号文件，明确指出包产到户、包干到户或大包干，"都是社会主义生产责任制""不同于合作化以前的小私有的个体经济，而是社会主义农业经济的组成部分"。

1983年，第二个中央一号文件《当前农村经济政策若干问题》出台，该文件以家庭联产承包责任制作出了高度评价，赞扬它是"党的领导下中国农民的伟大创造，是马克思主义关于合作化理论在我国实践中的新发展"。

1984年1月1日，中共中央发出《关于1984年农村工作的通知》，即第三个中央一号文件，强调要稳定和完善生产责任制，将土地承包期政策明确规定为延长15年不变。

1993年11月，《中共中央、国务院关于当前农业和农村经济发展若干政策措施》作出决定，在原定的承包期到期后，农户承包权延长30年不变；提倡在承包期内实行"增人不增地、减人不减地"的办法；在坚持土地集体所有和不改变土地用途的前提下，经发包方同意，允许土地使用权依法有偿转让；可以从实际出发，尊重农民的意愿，对承包土地作必要的调整，实行适度的规模经营。

1998年8月，《土地管理法》修订通过，首次将农村土地承包30年不变的政策以法律形式固定下来。当年10月，党的十五届三中全会通过的《关于农业和农村若干重大问题的决定》，再次明确提出要坚定不移地贯彻土地承包期再延长 30 年的政策，同时，要抓紧制定确保农村土地承包关系长期稳定的法律法规，赋予农民长期而有保障的土地使用权。

2002 年 8 月，《农村土地承包法》颁布，该法是我国第一部以法律形式对土地承包中涉及的重要问题进行明确和规范的专门法律。它进一步稳定了党在农村的土地承包政策，对于保障亿万农民的根本利益、促进农业发展、保持农村稳定，具有深远意义。2003 年 3 月 1 日，《农村土地承包法》开始实施。

2007 年 3 月，《物权法》审议通过，该法明确农村土地承包经营权为用益特权，规定土地承包经营权人依法对其承包经营的耕地、林地、草地等享有占有、使用和收益的权利；土地承包经营权人依照农村土地承包法的规定，有权将土地承包经营权采取转包、互换、转让等方式流转。

2008 年 10 月，党的十七届三中全会通过的《中共中央关于推进农村改革发展若干问题的决定》指出，要赋予农民更加充分而有保障的土地承包经营权，现有土地承包关系要保持稳定并长久不变。搞好农村土地确权登记办证工作。完善土地承包经营权权能，依法保障农民对承包土地占有、使用、收益等权利。加强土地承包经营权流转管理和服务，建立健全土地承包经营权流转市场，按照依法自愿有偿原则，允许农民以转包、出租、互换、转让、股份合作等形式流转土地承包经营权，发展多种形式的适度规模经营。

2009 年 6 月，十一届全国人大常务委员会第九次会议通过《农村土地承包经营纠纷调解仲裁法》，标志着农村土地承包法律体系的进一步健全，它明确了调解和仲裁是解决农村土地承包纠纷的法律渠道，有利于公正、及时地调处农村土地承包经营纠纷，维护农村的社会稳定。2010 年 1 月 1 日，该法正式实施。

（三）近年来党中央国务院关于开展农村土地承包经营权确权登记颁证有关规定

2008 年，中央一号文件规定，"加强农村土地承包规范管理，加快建立土地承包经营权登记制度"。

2008 年 3 月 23 日，中央政治局第四十次集体学习。胡锦涛总书记强调：要按照物权法的规定，切实维护人民群众的土地承包经营权、宅基地使用权、房屋所有权及其他财产权利。要坚持和完善农村基本经营制度，坚决制止侵害农民合法权益的行为。

2008 年 10 月，党的十七届三中全会《决定》要求，"搞好农村土地确权、登记、颁证工作。完善土地承包经营权权能，依法保障农民对承包土地的占有、使用、收益等权利"。

2009 年，中央一号文件规定，"稳步开展土地承包经营权登记试点，把承包地块的面积、空间位置和权属证书落实到农户"。

2010 年，中央一号文件规定，"扩大农村土地承包经营权登记试点范围，保障必要的工作经费"。

2010 年，国务院办公厅《关于落实中共中央国务院关于加大统筹城乡发展力度进一步夯实农业农村发展基础若干意见有关政策措施分工的通知》（国办函〔2010〕31 号）规定：关于"继续做好土地承包管理工作，全面落实承包地块、面积、合同、证书'四到户'，扩大农村土地承包经营权登记试点范围，保障必要的工作经费"的问题，这项重要举措由农业部会同国土资源部、财政部等部门负责落实。

2011 年，《国民经济和社会发展第十二个五年规划纲要》规定，"搞好农村土地确权、登记、颁证工作，完善土地承包经营权权能，依法保障农民对承包土地的占有、使用、收益等权利"。

2011 年，国务院办公厅《关于落实 2011 年中央"三农"政策措施分工的通知》（国办函〔2011〕12 号）规定：关于"加快推进农村集体土地所有权、土地承包经营权、宅基地使用权、集体建设用地使用权确权登记颁证，落实工作经费，力争 2012 年完成农村集体土地所有权确权登记颁证"的问题，这项重要举措由国土资源部、农业部会同财政部、住房城乡建设部等部门负责落实。

2012 年，中央一号文件规定，"稳步扩大农村土地承包经营权登记试点，财政适当补助工作经费"。

2012 年 11 月，党的十八大报告指出，坚持和完善农村基本经营制度，依法维护农民土地承包经营权、宅基地使用权、集体收益分配权。

2013 年，中央一号文件规定，"健全农村土地承包经营权登记制度，强化对农村耕地、林地等各类土地承包经营权的物权保护。用 5 年时间基本完成农村土地承包经营权确权登记颁证工作，妥善解决农户承包地块面积不准、四至不清等问题""农村土地确权登记颁证工作经费纳入地方财政预算，中央财政予以补助""各级党委和政府要高度重视，有关部门要密切配合，确保按时完成农村土地确权登记颁证工作"。

2014 年，中央一号文件规定，"稳定农村土地承包关系并保持长久不变，在坚持和完善最严格的耕地保护制度前提下，赋予农民对承包地占有、使用、收益、流转及承包经营权抵押、担保权能。在落实农村土地集体所有权的基础上，稳定农户承包权、放活土地经营权，允许承包土地的经营权向金融机构抵押融资。有关部门要抓紧研究提出规范的实施办法，建立配套的抵押资产处置机制，推动修订相关法律法规。切实加强组织领导，抓紧抓实农村土地承包经营权确权登记颁证工作，充分依靠农民群众自主协商解决工作中遇到的矛盾和问题，可以确权确地，也可以确权确股不确地，确权登记颁证工作经费纳入地方财政预算，中央财政给予补助。"

2014 年 11 月，中共中央办公厅、国务院办公厅印发《关于引导农村土地经营权有序流转发展农业适度规模经营的意见》（中办发〔2014〕61 号文件）指出，"健全土地承包经营权登记制度。建立健全承包合同取得权利、登记记载权利、证书证明权利的土地承包经营权登记制度，是稳定农村土地承包关系、促进土地经营权流转、发展适度规模经营的重要基础性工作。完善承包合同，健全登记簿，颁发权属证书，强化土地承包经营权物权保护，为开展土地流转、调处土地纠纷、完善补贴政策、进行征地补偿和抵押担保提供重要依据""推进土地承包经营权确权登记颁证工作。按照中央统一部署、地方全面负责的要求，在稳步扩大试点的基础上，用5年左右时间基本完成土地承包经营权确权登记颁证工作，妥善解决农户承包地块面积不准、四至不清等问题。在工作中，各地要保持承包关系稳定，以现有承包台账、合同、证书为依据确认承包地归属；坚持依法规范操作，严格执行政策，按照规定内容和程序开展工作；充分调动农民群众积极性，依靠村民民主协商，自主解决矛盾纠纷；从实际出发，以农村集体土地所有权确权为基础，以第二次全国土地调查成果为依据，采用符合标准规范、农民群众认可的技术方法；坚持分级负责，强化县乡两级的责任，建立健全党委和政府统一领导、部门密切协作、群众广泛参与的工作机制；科学制订工作方案，明确时间表和路线图，确保工作质量"。

2015年，中央一号文件规定，"推进农村集体产权制度改革。探索农村集体所有制有效实现形式，创新农村集体经济运行机制。出台稳步推进农村集体产权制度改革的意见。对土地等资源性资产，重点是抓紧抓实土地承包经营权确权登记颁证工作，扩大整省推进试点范围，总体上要确地到户，从严掌握确权确股不确地的范围"。

二、我国农村土地承包制度概要

（一）《农村土地承包法》

2003年3月1日起施行的《农村土地承包法》，是我国第一部以法律形式对土地承包中涉及的重要问题进行明确和规范的专门法律，以法律形式确定农村土地实行承包经营制度。农村家庭承包经营，是农民群众的伟大创举，它改变了人民公社的生产经营方式和计划经济模式，初步构筑了适应我国市场经济要求的农村新的经济体制框架。总结农村实行家庭承包经营的经验，党的十七届三中全会《决定》进一步指出，"以家庭承包经营为基础、统分结合的双层经营体制，是适应社会主义市场经济体制、符合农业生产特点的农村基本经营制度，是党的农村政策的基石，必须毫不动摇地坚持。赋予农民更加充分而有保障的土地承包经营权，现有土地承包关系要保持稳定并长久不变。推进农业经营体制机制创新，加快农业经营方式转变。家庭经营要向采用先进科技和生产手段的方向转变，增加技术、资本等生产要素投入，着力提高集约化水平；统一经营要向发展农户联合与合作，形成多元化、多层次、多形式经营服务体系的方向转变，发展集体经济、增强集体组织服务功能，培育农民新型合作组织，发展各种农业社会化服务组织，鼓励龙头企业与农民建立紧密型利益联结机制，着力提高组织化程度。按照服务农民、进退自由、权利平等、管理民主的要求，扶持农民专业合作社加快发展，使之成为引领农民参与国内外市场竞争的现代农业经营组织"。我国农村实行家庭承包经营30多年来取得的巨大成就证明，家庭承包经营是解放农村生产力发展农村经济的有效方式。

（二）《物权法》

2007年10月1日起施行的《物权法》，第一次以法律的形式明确对公有财产和私有财产给予平等保护，规定"国家实行社会主义市场经济制度，保障一切市场主体的平等法律地位和发展权利；国家、集体、私人的物权和其他权利人的物权受法律保护，任何单位和个人不得侵犯"。规定土地承包经营权为用益物权，"土地承包经营权人依法对其承包经营的耕地、林地、草地等享有占有、使用和收益的权利，有权从事种植业、林业、畜牧业等农业生产""集体经济组织、村民委员会或者其负责人作出的决定侵害集体成员合法权益的，受侵害的集体成员可以请求人民法院予以撤销"。《物权法》针对不少农民提出承包期届满后该怎么办的问题，在规定"耕地的承包期为 30 年。草地的承包期为 30~50 年。林地的承包期为 30~70 年；特殊林木的林地承包期，经国务院林业行政主管部门批准可以延长"的同时，还规定土地承包期届满，"由土地承包经营权人按照国家有关规定继续承包"。这一拓展性规定既维护了现行法律和现阶段国家有关农村土地政策，又为今后修改完善有关法律或者调整有关政策留有了余地。

(三)《农村土地承包经营纠纷调解仲裁法》

2010 年 1 月 1 日起施行的《农村土地承包经营纠纷调解仲裁法》，与《农村土地承包法》《物权法》共同构建起我国农村土地承包经营制度的法律骨架。《农村土地承包经营纠纷调解仲裁法》是一部程序法，规定了调解、仲裁的申请、受理、裁决的程序等，主要引用《农村土地承包法》《物权法》《中华人民共和国民法通则》《中华人民共和国合同法》《中华人民共和国民事诉讼法》《中华人民共和国土地管理法》《中华人民共和国民事诉讼法》《最高人民法院关于审理涉及农村土地承包纠纷案件适用法律问题的解释》等实体法和相关法律政策规定，对农村土地承包经营纠纷做出调解或仲裁的决定。为保障该法的贯彻实施，农业部会同国家有关部门制定了《农村土地承包经营纠纷仲裁规则》《农村土地承包仲裁委员会示范章程》等规章制度，从仲裁文书、仲裁员聘任及培训、仲裁工作规范以及仲裁能力建设等方面进行了规范，形成了以调解仲裁法为核心、以仲裁规则、示范章程为基础，以规范调解仲裁活动为目的较为完整的仲裁制度体系，为该法的实施和仲裁工作规范开展奠定了基础。

（四）适用法律问题的解释

2005 年 9 月 1 日起施行的《最高人民法院关于审理涉及农村土地承包纠纷案件适用法律问题的解释》，2014 年 1 月 24 日起施行的《最高人民法院关于审理涉及农村土地承包经营纠纷调解仲裁案件适用法律若干问题的解释》，根据《中华人民共和国民法通则》《中华人民共和国合同法》《中华人民共和国民事诉讼法》《中华人民共和国农村土地承包法》《中华人民共和国土地管理法》《中华人民共和国农村土地承包经营纠纷调解仲裁法》《中华人民共和国民事诉讼法》等法律的规定，结合民事审判实践，对审理涉及农村土地承包纠纷案件适用法律的若干问题和审理涉及农村土地承包经营纠纷调解仲裁案件适用法律的若干问题，分别作出解释，进一步明确了受理与诉讼主体、家庭承包纠纷案件处理、其他方式承包纠纷案件处理、审理涉及农村土地承包经营纠纷调解仲裁案件适用法律的若干问题，进一步健全了农村土地承包法律制度。

（五）农村土地承包政策

除上述法律外，中央关于农村土地承包政策的一系列文件，如《中共中央关于做好农户承包地使用权流转工作通知》（中发〔2001〕18 号）、《关于妥善解决当前农村土地承包纠纷的紧急通知》（国办发明电〔2004〕21 号）、《中共中央办公厅、国务院办公厅印发关于引导农村土地经营权有序流转发展农业适度规模经营的意见》（中办发〔2014〕61 号文件）等；农业部关于承包经营权证书、流转管理、纠纷仲裁等相关规章制度等以及各地出台的农村土地承包方面的地方性法规、规章和规范性文件等，共同形成了农村土地承包制度的法规政策体系。

近年来，随着农村分工分业发展和大量农民进城务工，土地承包经营权流转加快，土地承包主体同经营主体发生分离。顺应这一趋势，习近平总书记提出农村土地所有权、承包权、经营权"三权分置"的重大理论创新，落实集体所有权，稳定农户承包权，放活土地经营权。这要求必须进一步深化农村土地承包制度改革，坚持稳定与搞活并重。通过确权登记"颁铁证"，进一步稳定农村土地承包关系；通过积极引导经营权有序流转，加快发展多种形式的适度规模经营；通过完善纠纷调处机制，切实维护农民的土地承包合法权益。

（六）案例及解析

要点1：家庭承包经营权是用益物权，具有排他性，受物权法保护；未经登记的其他方式承包经营权是债权，由合同法规定

案例1：

2002年，原告：某村李某夫妇与村委会签订土地承包合同，取得该村5亩田的承包权。后其丈夫死亡，李某改嫁他村，村委会遂将其承包土地另行发包给同村村民黄某。李某知晓后，以承包未到期为由要求村委会继续履行合同，遭拒绝后，向人民法院起诉。法院当年经审理判决如下：村委会和黄某的土地承包合同是经过村委会的正当发包程序订立的，黄某是该村村民，具有承包资格，而且已对土地进行了实际耕作，故应确认其所取得的承包权合法有效；但鉴于原告的原承包合同尚未到期，且已对土地进行了实际投入，应予适当的补偿（赔偿原告所受损失）。

问题：《农村土地承包法》颁行之后，李某则可以向黄某直接起诉并可恢复承包经营权，为什么？

本案属于典型的涉及土地承包经营权保护的案例。如果在法律上对农村土地承包权做不同的定性，将导致不同的法律后果。

解析1：作为债权（合同权利）的承包经营权

在《农村土地承包法》出台之前，法学界一般认为我国农村土地承包经营权在法律上被定性为债权。据此，我们可对上述案例作如下解析：

（1）基于合同相对性原理，即（合同）债权只是在当事人之间具有约束力。因此，本案中，李某只能对与之缔约的村委会主张合同权利，而第三人黄某与李某之间不存在任何法律关系，因此，李某在其合同权利不能实现时，只能起诉村委会。现在，农村也经常出现，村委会调整土地，被调地户与接地户争地，接地户有一自己认为很充分的理由，与你没关系，是村委会给"我"的地，你别找我、找村委会去。这个说法在《农村土地承包法》出台之后，是站不住脚的（下文分析）。

（2）由于债权不具有排他性效力，所以，两个以上内容相同、性质相同的债权合同只要都符合成立和生效要件，即可同时有效成立，且其效力不因成立的先后而有差别。由此可见，在本案中，虽然两个承包合同成立时间有先后之分，但都符合合同生效的要件，故其效力是相同的。也就是说，李某不能以其承包合同成立在先为由，主张村委会和黄某签订的合同无效，或者主张村委会只能向她履行合同。

（3）然而，2个合同针对的既然是同一块土地的土地承包经营权，那么必然意味着只有一人能实际取得该权利，也就是说，村委会只可能向其中一人履行合同，而对另一人则必须承担违约责任。于是，就本案事实而言，村委会实际上已单方违反和李某订立的承包合同，且黄某实际耕作该土地的事实即意味着村委会履行的是和黄某订立的承包合同，所以，法院据此判决由黄某取得土地承包经营权，村委会对李某承担违约责任（赔偿其所受损失）。这一判决在法律制度上是有依据的。

（4）我国《合同法》明确规定违约责任的承担形式主要是赔偿损失、强制实际履行、支付违约金。因此，从表面上看，李某可诉请法院强制村委会履行合同，即请求村委会将该土地转归自己承包。但根据合同法的规定，请求义务人实际履行应以在事实上、经济上能够履行为前提，而在本案中，村委会事实上已将该土地移交黄某，同时，黄某也已实际耕作，所以，村委会已陷于不能履行，并且，根据以上所述理由，李某对村委会享有的权利并不优先于黄某对村委会享有的权利。因此，李某已不能要求强制实际履行，而只能请求赔偿所受损失、支付违约金。

解析2：作为物权的承包经营权

《农村土地承包法》《物权法》将家庭土地承包经营权定性为用益物权，按照《农村土地承包法》《物权法》的规定，法院对上述案件的处理将迥然相异。

物权有三大特征：具有特定性、支配性和排他性。

（1）所谓"特定"，就是由当事人一具体指明"这个""那个"。只有"特定"以后，成了"特定物"才能具有所有权。

（2）物权具有排他效力，即同一物上不得同时存在2个以上内容或性质相同的物权，其结论是成立在先的排斥成立在后的。在本案中，原承包尚未到期，李某的土地承包权作为物权仍然有效，在承包期内该权利当然排斥黄某的权利。易言之，在李某的承包期到来之前，黄某不能有效取得承包权。

（3）物权是"绝对权"，是一种可以用来对抗权利人之外所有其他人的权利。可见，其效力不仅仅存在于合同双方当事人之间，而且针对权利人之外的所有不特定的人，所以任何人都有义务不妨害其权利的行使。如果有人违反此种义务，权利人可直接针对该人主张权利。在本案中，既然黄某已实际占有该土地，也就意味着是他妨害了李某物权的行使，因此，李某可直接诉请黄某排除妨害（物权请求权的一种），在造成损害时，还可直接要求黄某赔偿损失。

（4）按承包法，虽然黄某不能根据其与村委会订立的承包合同主张承包权，但这并不妨碍他以村委会不能履行合同为由要求村委会承担违约责任。必须强调的是，这种求偿关系只是黄某和村委会之间的法律关系，与李某无关。

小结：由此可见，由于在承包法出台之前，承包权一般受合同法保护，为债权性质的权利，本案李某不能直接向黄某请求返还承包权，也不能根据其与村委会订立的承包合同主张承包权，但这并不妨碍他以村委会不能履行合同为由要求村委会承担违约责任。与黄某无关。如果家庭承包权为物权关系则结果正好相反。

要点2：村委会擅自流转承包地，法院依法判决"定纷止争"

案例2：

1992年10月，许华之兄因招干，其原承包地"大路边1.2亩"土地由集体收回转包给村民许枚承包经营。1998年2月，当地开展第二轮土地承包，许枚继续获得"大路边1.2亩"的承包经营权，期限为30年，从1998年12月31日至2028年12月31日，后该土地一直由许枚使用。2003年9月21日，村民委员会将"大路边1.2亩"土地流转给许华，并在许华的土地经营权证书上作了登记，后该土地一直由许华耕种。为此，许华、许枚两家多次发生纠纷，经村委会等基层组织调解未果。许枚提出诉讼，请求判令许华停止侵权。法庭审理中，依法追加该村民委员会为被告参加诉讼。

解析：根据《农村土地承包法》第二十六条、第二十七条的规定，在承包期内，发包方不得收回、调整承包地。第三十四条规定，土地承包经营权流转的主体是承包方，承包方有权依法自主决定土地承包经营权是否流转和流转的方式。本案中，许枚于1992年就获得了"大路边1.2亩"土地的承包经营权，其承包经营权受法律保护。对土地承包经营权是否流转由其自主决定，村委会无权决定土地承包经营权的流转，其在许华土地承包经营权证书上新做的流入登记属无效登记。法院依照《中华人民共和国农村土地承包法》的相关规定判决：许枚对"大路边1.2亩"土地享有承包经营权，许华应停止侵权，将土地返给许枚耕种。

宣判后，双方当事人表示服判。

要点3：换地20年起纠纷，法院判决仍有效

案例 3：

原告王强与被告王联系同组村民，在第一轮农村土地承包责任制落实其各自承包的责任田后，为方便耕种，王强与王联协商，用自己承包的责任田给王联承包的位于自家门口的责任田调换耕种，并给付王联 120 元补偿款。后双方均按调换的责任田长期耕种没有意见。1999 年第二轮土地延包时，发包方将双方调换的责任田分别填入两家的承包合同书中。2006 年 4 月，王联反悔，以不愿再调换土地为由，采用放毒等方式阻止王强耕种，造成当年耕种的大小两季颗粒无收。王强因此诉至法院，要求确认与被告王联调换土地的协议有效、并要求王联赔偿耕种损失 1 300元。

解析：根据《中华人民共和国农村土地承包法》第四十条："承包方之间为方便耕种或者各自需要，可以对属于同一集体经济组织的土地的土地承包经营权进行互换"的规定，原、被告之间调换土地承包经营权的行为有效，并且已得到土地发包方的认可。被告王联阻止原告王强耕种调换的土地，侵犯了原告的承包经营权。当事人双方已服判息诉。

要点 4：家庭成员内部应当如何主张土地的承包经营权？农村土地的承包主体是"户"，而不是单个的"人"。那么，家庭成员应当如何主张土地的承包经营权

案例 4：

刘中华与刘中香系兄妹关系。1982 年，土地承包到户时，刘中香作为家庭成员之一，与刘中华 4 人共同承包了水田 1.66 亩、山地 3.5 亩。1987 年，刘中香出嫁，并将户口迁入婆家，但未在婆家重新承包到土地。2007 年 9 月，刘中香与刘中华签订了《哥哥拿给妹妹的原籍田地协议书》，双方约定刘中华自愿将田、地、自留地、荒山地及地上附作物拿给刘中香，并将土地使用权划归刘中香，同时，约定违约方赔偿对方 30 000 元。2007 年 9 月 28 日，

刘中香一家作为移民搬迁到娘家村安置入户。2009 年 12 月，双方为土地承包经营权纠纷再次达成协议，约定刘中华将承包田、地共计 1.02 亩归还刘中香，刘中香给付被告刘中华 10 000 元，同时，又注明承包田地面积按 1982 年土地承包面积为准。后双方再次发生纠纷，刘中香向县农村承包经营纠纷调解仲裁委员会申请仲裁。2011 年 2 月 22 日，县农村土地承包经营权纠纷调解仲裁委员会作出裁决书，裁决刘中香仍属村集体经济组织成员，在该集体经济组织享有农村土地承包经营权，并按 2009 年 12 月双方签订的协议执行。刘中香不服，于 2011 年 3 月 13 日向法院起诉。法院经审理判决：依照《中华人民共和国土地承包法》第五条第一款、第二款、第九条、第三十条之规定，被告刘中华在本判决生效之日起 60 日内归还原告刘中香承包水田、山地共计 1.032 亩（田 0.332 亩、旱地 0.7 亩）。案件受理费 100 元，由被告刘中华负担。

解析：

（1）1982 年，原告刘中香与被告刘中华与其他家庭成员共同承包了田、地共 5.16 亩。原告刘中香结婚后虽将户口迁入了其夫所在地，但未在该地重新承包土地，其土地承包经营权仍在娘家保留。2007 年 9 月 28 日，原告刘中香一家作为移民搬迁娘家村安置入户，原告刘中香又取得集体经济成员资格。

（2）2007 年，原告刘中香与被告刘中华签订了《哥哥拿给妹妹的原籍田地协议书》，双方约定被告刘中华将承包田、地归还原告刘中香，并约定了违约条款。2009 年，双方为土地承包经营权纠纷再次达成协议，由被告刘中华将承包田、地归还原告刘中香，并将土地承包经营权划归原告刘中香，原告刘中香给付被告刘中华 10 000 元。2 份协议均对土地承包经营权进行了约定，但不管协议如何约定，原告刘中香都依法享有土地承包经营权，因此，2 份协议中约定归还土地的部分有效，但约定的违约条款以及由刘中香给付刘中华 10 000 元部分无效。

（3）原告刘中香为村集体经济组织成员，在该集体经济组织享有土地承包经营权，被告刘中华称刘中香不享有土地承包经营权的主张不成立。被告刘中华为管理土地付出了劳动，并缴纳了相关费用为由，要给付他管理费及各项费用共计35 000元的主张，虽然被告刘中华在耕种土地时确实缴纳了农业税等费用，但也获得了相应的收益，缴纳农业税等费用只是收益中的一部分，且没有提供证据予以证明，为此，要给付管理费及各项费用共计35 000元的主张没有事实依据，不能支持。

（4）原告刘中香要求将其承包经营权划归自己的主张，属于土地承包家庭成员分户的情形。《山东省实施〈中华人民共和国农村土地承包法〉办法》第二十七条规定"承包期内，承包方家庭成员分户并申请分别签订承包合同的，发包方应当分别签订，并依照法定程序办理农村土地承包经营权证或者林权证等证书的变更手续"。刘中香与刘中华协商一致，达成协议的基础上，征得发包方（村民委员会）同意，报乡（镇）人民政府农村土地管理部门备案后，解除原来的土地承包合同，注销原来的《土地承包经营权证》，由发包方分别与刘中香、刘中华签订承包合同，颁发新的《土地承包经营权证》，界定各自使用的土地位置和土地四至界限。

（5）县仲裁委员会裁决和法院受理并判决，应该说在程序上是不妥当的。《土地承包法》第十五条明确规定"家庭承包的承包方是集体经济组织的农户"，说明农村土地是承包到户，不是到人。本案原告刘中香以个人的名义起诉其兄刘中华，依本条规定，原、被告主体均不适格。刘中香与刘中华之间的纠纷属于农村家庭成员之间土地承包经营分割纠纷，不应属于《调解仲裁法》第二条规定的农村土地承包经营纠纷的范围。根据《中华人民共和国土地管理法》第十六条第一款规定："土地所有权和使用权争议，由当事人协商解决；协商不成的，由人民政府处理"，因此，划归土地承包经营权不属于人民法院受理民事诉讼的范围。但是，当事人对有关人民政府的处理决定不服的，可以自接到处理决定通知之日起30日内，向人民法院起诉。应当注意的原则问题是：一是平等原则。无论是第一轮土地承包时记入分地名册的家庭成员，还是后来新增加的家庭成员，只要具有本集体经济组织成员的资格，都平等地享有承包经营权。二是合法原则。处理农村家庭成员之间土地承包经营分割纠纷，在申请、受理、调查、调解、处理各个环节，注意按程序操作。三是物权法定原则。无论是生效的调解书，或者是行政处理决定书，并不能使土地承包经营权发生变更，还须重新签订承包合、办同理相应的变更登记。

三、农村土地承包经营制度的内涵

《农村土地承包法》的施行，对于保障农民的根本权益，促进农业发展，保持农村稳定，具有深远意义。土地承包法的主要精神就是稳定、规范、维权、发展4个重点。第一是稳定，这是法律的基础。所谓稳定就是要长期坚持党的农村基本政策不动摇，长期坚持以家庭承包经营为基础、统分结合的农村基本经营制度。第二是规范，这是法律的重点。无论是发包方，还是承包方；无论是村民委员会，还是各级政府，只要是涉及农村土地承包的主体行为都纳入了法律规范的范围，做出了明确规定。第三是维权，这是法律的核心。法律赋予农民长期而有保障的土地使用权，是通过明确土地承包经营权的特殊地位，并予以充分保护来实现的。第四是发展，这是法律的最终目的。稳定、规范、维权是发展的基础。把土地承包期设定为30年以上，允许土地承包经营权采取多种方式依法流转，赋予其他承包方式的土地承包经营权抵押权，保护和合理利用土地资源等，充分体现了立足于发展的目的。以上4个方面，归根结底就是维护农民的根本利益，依法保护和调动农民的积极性。这是我们党的宗旨在农村土地承包中的具体体现，依法维护农民土地承包经营权，维护农民的民主权利，这既是制定法律的出发点，也是贯彻执行法律必须遵循的基本准则。

农村土地承包制度的内涵集中体现在《农村土地承包法》规

定中，主要包括 5 个方面：一是农村土地承包的方式。农村土地承包采取农村集体经济组织内部的家庭承包方式，体现公平，平均地权，面向本集体经济组织成员；不适宜采取家庭承包方式的"四荒地"，采取招标、拍卖、公开协商等方式承包，体现效率，能者多劳，面向社会，本集体成员优先。二是承包方和发包方。指出本集体经组织的农户是集体土地的家庭承包方，明确承包方的权利义务，其他方式承包本集体经济组织成员享有优先权；指出集体经济组织或者村委会、村民小组是集体土地的发包方，并明确其权利义务。三是土地承包的合同，明确家庭承包合同内容的法定要求。四是土地承包经营权的期限。家庭承包方式下，耕地为 30 年，草地为 30~50 年，林地为 30~70 年。其他承包方式，由双方协商确定，承包、租赁、拍卖"四荒"使用权，最长不超过 50 年（国办发〔1996〕23 号、国办发〔1999〕102 号）。机动地承包期限不宜过长，《山东省实施〈中华人民共和国农村土地承包法〉办法》规定承包期不得超过 3 年。五是土地承包经营权的权能。土地承包经营权是设立在农村土地所有权上的用益物权，承包方依法对集体所有或者国家所有依法确定给农民集体使用的农村土地享有占有、使用、收益权利。

（一）农村土地承包的方式

1. 农村土地承包的方式

农村土地承包的方式有 2 种：家庭承包和其他方式承包。法律规定，农村土地承包发包方应当与承包方签订书面承包合同。

（1）家庭承包。指农民集体所有和国家所有依法由农民集体使用的耕地、林地、草地以及其他依法用于农业的土地，采取农村集体经济组织内部的家庭承包方式。

按照规定统一组织承包时，本集体经济组织成员依法平等地行使承包土地的权利，也可以自愿放弃承包土地的权利。家庭承包体现公平，平均地权，面向本集体成员。

家庭承包的承包方是本集体经济组织的农户，进一步说家庭承包不对应家庭的某一个成员。《农村土地承包法》第一条规定"以家庭承包经营为基础"。第三条规定"农村土地承包采取农村集体经济组织内部的家庭承包方式"。我国农村实行的是家庭承包经营的制度不是个人承包经营。农户家庭是集体经济组织中的土地承包方，农户家庭的户主是土地承包的方的代表。农户家庭的户主代表家庭同集体经济组织形成土地承包关系后，每一个家庭成员作为土地承包家庭中的一员可以享受土地承包经营权，但是不能分割土地承包经营权。《农村土地承包法》第二十七条规定"承包期内，发包方不得调整承包地。"在承包期内，不能因为家庭土地承包户中成员的增减变化（婚丧嫁娶、添丁增口等），影响家庭承包户土地承包经营权的确定和承包土地的稳定。同样，也不能因为土地承包家庭中成员的增减变化而调整承包土地的数量。

（2）其他方式承包。指不宜采取家庭承包方式的荒山、荒沟、荒丘、荒滩等农村土地，可以采取招标、拍卖、公开协商等其他方式承包。

其他形式的承包方可以是本集体经济组织以外的单位或个人，但在同等条件下，本集体经济组织成员享有优先承包权。

以其他方式承包农村土地的，当事人的权利和义务、承包期限等，由双方协商确定。以招标、拍卖方式承包的，承包费通过公开竞标、竞价确定；以公开协商等方式承包的，承包费由双方议定。其他承包方式体现效率，能者多劳，面向社会，本集体成员优先。

2. 家庭承包和其他形式的承包的法律性质

（1）家庭承包经营权实行物权保护。土地承包经营权是设立在农村土地所有权上的用益物权。承包期内，发包方不得收回承包地，发包方不得调整承包地。

承包方依法享有耕作权（占有、使用权）、收益权利（产品处置权）、流转权（转包、互换、转让、出租、股份合作、抵押）、征占地补偿权（土地补偿费、人员安置费、青苗及构筑物补偿费）。目前，家庭承包方式还有两项权能受限制：入股组建公司的权利、抵押权和继承权。

（2）其他形式的承包经营权未经依法登记实行债权保护，当事人的权利和义务、承包期限等，由双方协商确定。其他形式的承包经营权经依法登记取得土地承包经营权证或者林权证等证书的，其土地承包经营权可以依法采取转让、出租、入股、抵押或者其他方式流转。

（二）家庭承包

1. 发包方和承包方的权利和义务

（1）发包方的权利。发包方的权利是法定权利，即使在承包合同中未约定，也仍然依法享有这些权利；同时，也不得在承包合同中限制这些权利，如果有限制这些权利的条款，则该条款无效。

①发包土地的权利：这是发包方的发包权，是享有其他权利的前提。发包方可以发包的土地有两类：一类是本集体所有的农村土地；另一类是国家所有依法由本集体使用的农村土地。对于第二类土地发包人虽然不是所有人，也享有法律赋予的发包权。

②监督承包方依约定合理利用、保护土地：土地是一种宝贵的自然资源，是人类生存和生活的基本生活资料。随着我国人口的增长和经济的发展，有限的土地资源与无限的土地需求的矛盾日益突出。因此，规定发包人有权监督承包人依照承包合同约定的用途合理利用和保护土地。

③制止承包方损害承包地和农业资源：土地必须合理利用和保护，而损害土地和农业资源的行为必须予以制止。损害土地和农业资源的行为有许多表现，如在耕地上建房、挖土、挖沙、挖石、采矿，将耕地挖成鱼塘，毁坏森林、草原开垦耕地，将土地沙化、盐渍化，使水土流失和污染土地，围湖造田等。对于承包方的这些行为，发包方都有权制止。

④法律、行政法规规定的其他权利：这是一项兜底的规定。有

关农村集体经济组织、村民委员会以及村民小组对于土地以及其他相关方面的权利，除本法外，农业法、土地管理法、森林法、草原法等法律以及国务院的行政法规都有涉及，发包人的权利不限于前述的3项规定。

（2）发包方的义务。发包方不但享有权利，也要承担义务。发包方的义务是法定义务。发包方必须履行，不得减轻或者放弃，在承包合同中也不得约定减轻或者放弃。如果承包合同中有减轻或者放弃其义务的条款，则该条款无效。

①不得非法变更、解除承包合同：国家实行农村土地承包经营制度，这是一项基本国策。法律保护农民的承包经营权，发包方有义务维护承包方的土地承包经营权，不得非法变更、解除承包合同。

②不得干涉承包方依法正常进行的生产经营活动：由于发包方享有发包权，也有监督和制止承包方损害承包的土地和农业资源的权利，因此，很容易干涉承包方的经营活动。现实中也经常出现强迫承包土地的农民种植某种作物等情况，规定发包方的这项义务是非常必要的。

③为承包方提供必要的服务：我国实行的以家庭经营为基础、统分结合的双层经营体制，"统"的含义，就是要求集体经济组织要做好为农户提供生产、经营、技术等方面的统一服务。

④执行土地利用总体规划，组织农业基础设施建设：县、乡根据上级土地利用总体规划安排区域内的具体的土地利用总体规划。执行这一规划是发包方必须履行的法定义务。农业基础设施建设与土地利用总体规划有关，但又是一个相对独立的问题。农业基础设施建设一般包括农田水利建设，如防洪、防涝、引水、灌溉等设施建设，也包括农产品流通重点设施建设，商品粮棉生产基地，用材林生产基地和防护林建设，也包括农业教育、科研、技术推广和气象基础设施等。农业基础设施建设对于农业的发展意义重大，也是"统一经营"的重要内容之一，并且与承包方有密切关系，农村集

体经济组织有义务组织本集体经济组织内的农业基础设施建设。

⑤法律、行政法规规定的其他义务：有关农村集体经济组织对于土地以及其他相关方面的义务，除上述规定外，农业法、土地管理法、森林法、草原法等法律以及国务院的行政法规都有涉及，发包人的义务不限于上述规定。

（3）承包方的权利。农村土地家庭承包的承包方是本集体经济组织的农户，也就是说农户是承包主体。农户是农村中以血缘和婚姻关系为基础组成的农村最基层的社会单位。

承包方享有的基本权利是法定权利，即使在承包合同中没有约定，承包方也依法享有这些权利。任何组织和个人侵害承包方权利的，都要依法承担相应的法律责任。

①依法使用承包地（承包法5条承包权/18条行使承包权）：流转土地承包经营权（承包法32条），自主组织生产和处置产品（承包法16条），地役权（物权法158~169条），相邻权（物权法87/92条）。该权利是承包方最基本、也是最重要的权利，它激发了农民的生产积极性。

②承包地被征收、征用的补偿权（承包法16条）：承包方对承包的土地依法享有在承包期内占用、使用、收益等权利，但这些权利的行使也受到法律的某些限制。我国宪法规定，国家为了公共利益的需要，可以依法对集体所有的土地实行征用。也就是说，在一定条件下，农户承包的集体所有的土地可以被依法征用。征用是国家为了保证社会公共事业或者公益事业的发展，体现全社会的长远利益，将集体所有的土地转化为国有。为了保护承包方的合法权益，不得滥用土地征用权，必须依照法定的条件和程序进行。对此，应注意区别不同行为，依据《土地管理法》和《山东省土地征收管理办法》（山东省人民政府令第226号）妥善处理。

③法律、行政法规规定的其他权利：这是一个兜底条款。除了上述权利外，《农村土地承包法》的其他条款和其他法律、行政法规也对承包方的权利做了规定。例如，《农村土地承包法》第31

条规定，承包人应得的承包收益，依照继承法的规定继承。第三十三条第五项规定，在同等条件下本集体经济组织成员对流转的土地承包经营权享有优先权。

案例5：开发商擅自铲除农作物赔偿近19万元

某开发商在得到农地使用权后，未与农民就种植的农作物补偿问题协商一致，擅自铲除农作物，结果被一农民告上法庭。人民法院对这起财产损害赔偿纠纷案作出判决，被告上海某农业公司赔偿原告经济损失18.6万元。

经审理查明，2001年12月1日，原告与某村委会签订租种耕地协议，由原告租赁该村土地30亩，租赁时间至2020年12月1日止。其中，约定"凡是国家需要，双方必须无条件服从"。

2004年11月，被告某农业公司与某村委会签订土地承包经营流转协议书，由被告以流转方式使用包括讼争土地在内的480亩土地用以筹建开发项目。此后，原告与被告及村委会就自己租种耕地协议的善后补偿事宜进行协商，但未能取得一致意见。2005年开春，被告使用推土机、挖掘机各1台，将原告租种耕地内的农作物和附属物铲除。后原告诉至法院要求赔偿。

在法庭审理中，原告诉称，某村委会在未与原告解除承包协议的情况下，与被告就同一地块签订土地承包经营流转协议，从而导致被告强行铲除自己承包地的农作物。现起诉要求赔偿15亩大白菜、14亩莴笋当季的损失18.6万元等。

被告称，其不存在过错。原告与村委会的协议中明确约定"凡是国家需要，双方必须无条件服从"。开发项目属于国家建设项目，进场施工是合法合理的，自己愿意赔偿原告的直接损失。

法院认为，因国家开发项目的实施，某村委会解除与原告之间的租种耕地协议，其行为符合合同的约定，不构成违约。但由于租种耕地协议未对合同解除后的原告补偿问题进行约定，相关当事人应通过协商或其他合法程序予以解决。现被告擅自铲除原告的农作物及拆除附属设施属于侵权行为，应承担民事赔偿责任。

（4）承包方的义务。在家庭承包中，承包方的权利与义务是对等的，承包方在享有权利的同时，也必须承担一定的义务。

①维持土地的农业用途：农用地是农民最基本的生产资料。我国是一个人口众多的农业大国，但是人均农用地数量少，农用地的后备资源严重不足，如果将土地不加限制地用于非农建设，将妨碍我国农业的发展。为稳固农业基础，保障农民的基本生活，必须确保农用地的农业用途，这是由我国的基本国情决定的。对承包方违法将承包地用于非农建设的，由县级以上地方人民政府有关行政主管部门依法予以处罚。

案例6：擅自改变土地农业用途妻诉夫承包合同无效获支持

案情：被告梁某现年40岁，系××县×××乡××村人。2006年10月10日，被告谢某来到梁某家中，在其妻子韩某不在场的情况下，商讨承包梁某与妻子韩某共同承包经营的南山（地名）荒地开采方块石一事。梁某与谢某经协商一致，同意把自己与韩某承包的南山荒地转包给谢某，从事经营开采方块石。且梁某在未经妻子同意的情况下，以韩某的名义与谢某签订了《开采方块石合同书》。2007年11月，谢某发现韩某将自己承包的南山（地名）荒地转包给他人经营，被告梁某前往干涉，故引发纠纷。韩某遂于2008年1月向法院提起诉讼，要求确认丈夫梁某以妻子韩某的名义与谢某于2006年10月10日签订的《开采方块石合同书》为无效合同。

法院经审理查明认为，我国《物权法》第128条规定："土地承包经营权人依照农村土地承包法的规定，有权将土地承包经营权采取转包、互换、转让等方式流转。流转的期限不得超过承包期的剩余期限。未经依法批准，不得将承包地用于非农建设。"可见，农村土地承包合同的转包是有法可依的，但梁某将自己的承包地转包给谢某是从事矿石开采，矿石的开采必将对土地的地表皮造成破坏，而且被破坏后的土地会永远灭失，从而影响到发包方对土地所有权的主张，况且，谢某把转包回来的土地不是用于农业用途开发和经营，违反了《农村土地承包法》第 33 条第（二）项的规定，即"不得改变……土地的农业用途"；同时，该行为也是对《物权法》第 128 条的违反。

据此，法院依照相关法律法规，确认梁某和谢某于 2006 年 10 月 10 日订立的土地转包合同无效。

结论：丈夫梁某在未征得妻子韩某同意的情况下，将与妻子共同承包的荒地转包给谢某从事经营开采方块石，并且以韩某名义和谢某签订《开采方块石合同书》，改变土地的农业用途，造成土地永久性灭失。韩某在劝说无效后将丈夫梁某诉诸法院，要求解除转包约定，确认《开采方块石合同书》为无效合同。某县人民法院依法审结了这起合同纠纷案。

案例 7：农民承包土地后擅自改变用途被判解除经营合同

案情：赵××是某镇三组农民。1985 年 4 月 15 日，赵与本组签订土地承包合同，以每亩 2 元的低价承包本组土地 53.6 亩，承包期限为 30 年，并一次性交清了承包费 107.2 元。合同签订后，赵××除给 5 亩的土地种上果树和葡萄外，大部分土地一直丢荒，不加利用。1997 年 1 月，赵看到土地市场有利可图，便偷偷将承包地内的部分土地共 240 平方米的面积，以每宗 1 300 元不等的价格转让给胡某等三户作建房宅基地。初次尝到买卖土地的甜头后，使赵某的胆子越来越大，在此后的 4 年时间里，赵又将所承包的土地以每宗 80 平方米共 600 平方米的面积分作 9 宗宅基地进行转卖，收取转让费 18 306 元。

赵××非法买卖土地的行为激起了本组群众的愤怒，2006 年 6 月，三组农民愤然提起诉讼，将赵××告上县法庭。2006 年 11 月 1 日，该县人民法院作出"立即停止侵害"的判决后，赵××仍不依为然，我行我素，于 2007 年年初又与某单位初步达成了转让土地的协议，欲大面积非法转让土地。

为保护土地不受永久性的侵害，2007 年 2 月，三组农民再次向人民法院提起诉讼，请求法院解除与赵××的土地承包合同。县人民法院经审理查明事实后认为，维持土地的农业用途，不得将土地用于非农建设，不得给土地造成永久性损害是土地承包者的义务，而赵××取得土地承包经营权后，未按合同约定和法律的规定合理使用土地，擅自改变土地的农业用途，给土地造成了永久性的损害，违反了《中华人民共和国土地法》和《中华人民共和国农村土地承包法》的有关规定，其违法行为致使双方不能实现合同的目的，遂按《中华人民共和国合同法》第 94 条的规定，判决解除了赵××的土地承包经营合同。

②依法保护和合理利用土地，不得给土地造成永久性损害：依法保护土地，是指作为土地使用人的承包方对土地生产能力进行保护，保证土地生态环境的良好性能和质量。合理利用土地是指承包方在使用土地的过程中，通过科学使用土地，使得土地的利用与其自然的、社会的特性相适应，充分发挥土地要素在生产活动中的作用，以获得最佳的经济、生产、生态的综合效益。具体讲要做到保护耕地、保护土地生态环境、提高土地利用率、防止水土流失和盐碱化。为达到此目的，承包方应当采取有效的整治和管理土地的措施。同时，还要求承包方不得给土地造成永久性损害。承包方给承包地造成永久性损害的，发包方有权制止，并有权要求承包方赔偿由此造成的损失。

案例 8：不得随意改变以其他方式承包土地的用途

案情：××县××镇某村 1998 年调整优化产业结构，发展桑蚕业，建设了 32 亩桑园，经村民代表会议同意，由村委会发包，给本村 15 户群众植桑养蚕，其中，1 户 4 亩，其他 14 户均是 2 亩。但以后蚕茧价格走低，养蚕户仅第一年交了承包费，以后再未交承包费。部分养殖户疏于管理，桑园荒芜，不再养蚕；部分养殖户又在桑园里种上了杨树，改变了原定土地用途；有些养殖户从桑树地里取土搞建设，破坏了耕作层。对此，其他群众意见很大，向村里多次反映无人理睬，随之向上级反映，要求收回承包的土地。

解析1：《农村土地承包法》第十二条规定："农民集体所有的土地依法属于村农民集体所有的，由村集体经济组织或者村民委员会发包。"第十三条规定："发包方享有下列权利：（一）发包本集体所有的或者国家所有依法由本集体使用的农村土地；（二）监督承包方依照承包合同约定的用途合理利用和保护土地；（三）制止承包方损害承包地和农业资源的行为"第十七条规定："承包方承担下列义务：（一）维持土地的农业用途，不得用于非农建设；（二）依法保护和合理利用土地，不得给土地造成永久性损害；"

解析2：《山东省农村集体经济承包合同管理条例》第七条规定："发包方应当按照法律、法规和国家政策，依法维护承包方的生产经营自主权及其他合法权益；按照合同约定为承包方提供产前、产中、前后服务；对发包的资源、资产制定使用、管理、检查制度，维护集体资产的所有权"。第八条规定："承包方对承包的资源、资产拥有使用权和经营权。承包方应当按照承包合同规定的用途依法合理开发利用资源、使用资产。承包方应当依法缴纳税金，并按照承包合同的约定缴纳承包费，承担国家规定的劳动积累等义务"。第二十二条规定："承包方违反承包合同的责任：（一）对承包的资源、资产擅自转让、转包或者改变合同约定使用用途，应当支付违约金，经劝阻无效的，由发包方终止承包合同，收回发包项目……（四）在承包的土地上违法建窑、筑坟、建房、挖沙、采石、采矿、取土等造成土地资源破坏的，除按照有关法律、法规处理外，应当赔偿经济损失，并由发包方收回承包项目"。

结论：本案中，14户桑蚕养殖户随意改变承包土地的用途，侵害了其他群众的利益，应当由发包方——村委会依法采取措施，加以纠正；对欠交承包费的，限期交齐承包费，否则，按照合同约定，解除合同；违反土地承包合同约定，改变土地用途的，解除土地承包合同，重新发包。

③法律、行政法规规定的其他义务：除了上述规定的承包方应当承担的义务外，对法律、行政法规也规定的其他义务，承包方应当履行。

2. 承包合同和承包期限

（1）承包合同为要式合同，承包法第 21 条规定："发包方应当与承包方签订书面承包合同"（注：要式合同是指必须按照法定的形式或手续订立的合同。不要式合同是法律上不要求按特定的形式订立的合同。要式合同与不要式合同的区别实际上是一个有关合同成立与生效的条件问题。若法律规定某种合同必须经过批准或登记才能生效，则合同未经批准或登记便不生效；若法律规定某种合同必须采用书面形式合同才成立，则当事人未采用书面形式时合同便不成立，如《合同法》第 32 条规定："当事人采用合同书形式订立合同的，自双方当事人签字或者盖章时合同成立"）。

（2）合同内容。

承包合同一般包括以下条款：

①发包方、承包方的名称，发包方负责人和承包方代表的姓名、住所；

②承包土地的名称、坐落、面积、质量等级；

③承包期限和起止日期；

④承包土地的用途；

⑤发包方和承包方的权利和义务；

⑥违约责任。

（3）合同的效力。

①承包合同之成立之日起生效。

②县级以上地方人民政府应当向承包方颁发土地承包经营权证或者林权证等证书，并登记造册，确认土地承包经营权。

③承包合同生效后，发包方不得因承办人或者负责人的变动而变更或者解除，也不得因集体经济组织的分立或者合并而变更或者解除。国家机关及其工作人员不得利用职权干涉农村土地承包或者

变更、解除承包合同。

案例9：村委会违法收回村民承包耕地重新发包被判返还

案情：1999年1月1日，王某与某村委会签订了一份由农业局监制的《耕地承包合同》，约定承包经营耕地7.7亩，期限为30年，并由镇农业承包合同管理委员会鉴证。同时，村委会向他发放了县政府核发的《土地承包经营权证》。2000年，王某大女儿外嫁他村，该村未分与耕地。2002年初，王某所在的第五村民小组经村委会同意，将王某所承包的7.7亩耕地收回，分包给其他农户耕种。

2002年4月，王某提起了诉讼，随之又以自行和解为由撤回了起诉。然而耕地的问题双方并没有达成和解。王某转向有关部门请求解决，无果。

2006年12月30日，该县法院重新立案审理了王某的起诉。法院经审理认为，国家实行农村土地承包经营制度，依法保护农村土地承包关系的长期稳定，赋予农民长期而有保障的土地使用权。土地承包期内，发包方不得收回承包地和调整承包地；妇女结婚，在新居住未取得承包地的，发包方也不得收回其原承包地。王某与村委会签订耕地承包合同，符合法律规定，为有效合同，依法于成立之日起生效，同时持有的县政府核发的《土地承包经营权证》，内容与耕地承包合同相一致，是其对承包的土地拥有承包经营权的合法凭证，依法应受国家法律的保护，村委会及其第五村民小组在耕承包合同履行过程中，对王某一家承包耕地收回并重新调整发包，违反法律规定，行为无效，应当返还耕地。

（4）承包合同期限。耕地的承包期为30年。草地的承包期为30~50年。林地的承包期为30~70年；特殊林木的林地承包期，经国务院林业行政主管部门批准可以延长。

（5）农业部颁发的承包合同样本。《农业部办公厅关于印发农村土地（耕地）承包合同示范文本的通知》（农办经〔2015〕18

号)《农村土地（耕地）承包合同（家庭承包方式）》示范文本，在开展农村土地承包经营权确权登记颁证过程中，或依相关政策需重新签订、补签或完善承包合同时应结合本地实际，参照执行。

承包合同样本格式如下。

编码：

农村土地（耕地）承包合同（家庭承包方式）

发包方：_____县（市、区、旗）_____乡（镇、街道）_____村_____组

发包方负责人：_____

承包方代表：_____

承包方地址：_____县（市、区、旗）_____乡（镇、街道）_____村_____组

为稳定和完善以家庭承包经营为基础、统分结合的双层经营体制，赋予农民长期而有保障的土地承包经营权，维护承包双方当事人的合法权益，根据《中华人民共和国农村土地承包法》《中华人民共和国物权法》《中华人民共和国合同法》等相关法律和本集体经济组织依法通过的农村土地承包方案，订立本合同。

一、承包土地情况

地块名称	地块编码	坐落				面积（亩）	质量等级	备注
		东至	西至	南至	北至			
面积总计（亩）	—	—	—	—	—		—	—

二、承包期限　年月日至年月日。

三、承包土地的用途　农业生产

四、发包方的权利与义务

（一）发包方的权利

1. 监督承包方依照承包合同约定的用途合理利用和保护土地；

2. 制止承包方损害承包地和农业资源的行为；

3. 法律、行政法规规定的其他权利。

（二）发包方的义务

1. 维护承包方的土地承包经营权，不得非法变更、解除承包合同；

2. 尊重承包方的生产经营自主权，不得干涉承包方依法进行正常的生产经营活动；

3. 执行县、乡（镇）土地利用总体规划，组织本集体经济组织内的农业基础设施建设；

4. 法律、行政法规规定的其他义务。

五、承包方的权利与义务

（一）承包方的权利

1. 依法享有承包地占有、使用、收益和土地承包经营权流转的权利，有权自主组织生产经营和处置产品；

2. 承包地被依法征收、征用、占用的，有权依法获得相应的补偿；

3. 法律、行政法规规定的其他权利。

（二）承包方的义务

1. 维持土地的农业用途，不得用于非农建设；

2. 依法保护和合理利用土地，不得给土地造成永久性损害；

3. 法律、行政法规规定的其他义务。

六、违约责任

1. 当事人一方不履行合同义务或者履行义务不符合约定的，依照《中华人民共和国合同法》的规定承担违约责任。

2. 承包方给承包地造成永久性损害的，发包方有权制止，并有权要求承包方赔偿由此造成的损失。

3. 如遇自然灾害等不可抗力因素，使本合同无法履行或者不能完全履行时，不构成违约。

4. 相关法律和法规规定的其他违约责任。

七、其他事项

1. 承包合同生效后，发包方不得因承办人或者负责人的变动而变更或者解除，也不得因集体经济组织的分立或者合并而变更或者解除。

2. 承包期内，承包方交回承包地或者发包方依法收回的，承包方有权获得为提高土地生产能力而在承包地上投入的补偿。

3. 承包方通过互换、转让方式流转承包地的，由发包方与受让方签订新的承包合同，本承包合同依法终止。

4. 因土地承包经营发生纠纷的，双方当事人可以依法通过协商、调解、仲裁、诉讼等途径解决。

5. 本合同未尽事宜，依照有关法律、法规执行，法律、法规未做规定的，双方可以达成书面补充协议，补充协议与本合同具有同等的法律效力。

八、本合同自签订之日起生效，原签订的家庭承包合同一律解除。

九、本合同一式四份，发包方、承包方各执一份，乡（镇、街道）人民政府农村土地承包管理部门、县（市、区、旗）人民政府农村土地承包管理部门各备案一份。

发包方（章）：

负责人（签章）：　　　　　　　承包方代表（签章）：

联系电话：　　　　　　　　　　联系电话：

身份证号：　　　　　　　　　　身份证号：

签订日期：　　　　　　　　　　签订日期：

3. 承包的原则和程序

（1）承包的原则。土地承包的原则是指在农村土地家庭承包过程中发包方和承包方所应遵循的基本准则，对农村土地家庭承包起规范、指导作用。

①按照规定统一组织承包时，本集体经济组织成员依法平等地行使承包土地的权利，也可以自愿放弃承包土地的权利。本集体经济组织成员对土地承包的权利：一方面体现在依法平等地享有和行使承包土地的权利；另一方面体现在自愿放弃承包土地的权利。本集体经济组织的成员作为土地承包的权利人，他有权依法自由处置自己的权利。但需强调的是，本集体经济组织成员放弃承包土地的权利必须是基于"自愿"，任何单位和个人不得强迫农村集体经济组织的成员放弃承包土地的权利。

②民主协商，公平合理：土地是广大农民安身立命的根本，对涉及农民土地权益的承包方案的拟订等重大事宜应当极其慎重和尊重农户权益。因此，强调应当本着民主协商、公平合理的态度进行土地承包。"民主协商"要求就是不得搞"暗箱操作"，不得搞"一言堂"强迫本集体经济组织成员接受承包方案。"公平合理"要求就是本集体经济组织成员之间所承包的土地在土质的好坏、离居住地距离的远近、离水源的远近等方面应当在"合理"的范围内。

③承包方案应依法经本集体经济组织成员的村民会议 2/3 以上成员或者 2/3 以上村民代表的同意。为了在土地承包过程中体现村民自治的基本原则，体现大多数本集体经济组织成员的意志，承包方案必须经本集体经济组织村民会议的 2/3 以上成员或 2/3 以上村民代表同意，否则该承包方案不能生效。

（2）承包程序。承包程序应当符合法律的规定，违反法律规定的承包程序进行的承包是无效的。土地承包应当按照以下程序进行。

①本集体经济组织成员的村民会议选举产生承包工作小组；

②承包工作小组依照法律、行政法规的规定拟订并公布承包方案；

③依法召开本集体经济组织成员的村民会议，讨论通过承包方案；

④公开组织实施承包方案；

⑤签订承包合同。

4. 土地承包经营权的流转

土地承包经营权流转是农村经济发展、农村劳动力转移的必然结果。土地承包经营权流转的基本前提是坚持家庭承包经营制度，流转的主体是承包方（承包农户），流转的剧本原则是依法自愿有偿，流转的剧本形式是法定多样（转包、出租、转让、互换、股份合作等）；流转的期限不超过剩余承包期，流转的对象多元化（传统土地承包经营农户、专业大户、家庭农场、农民专业合作社等），流转的运行机制是政府指导下的市场机制，流转的基本保障是加强管理和提供服务，流转的政策取向是多种形式适度规模经营，流转的底线是："三个不得"，即不得改变集体所有性质、不得改变土地用途、不得损害农民土地承包权益。

中央《关于引导农村土地经营权有序流转发展农业适度规模经营的意见》（中办发（2014）61 号文件）指出，"伴随我国工业化、信息化、城镇化和农业现代化进程，农村劳动力大量转移，农业物质技术装备水平不断提高，农户承包土地的经营权流转明显加快，发展适度规模经营已成为必然趋势""坚持农村土地集体所有，实现所有权、承包权、经营权三权分置，引导土地经营权有序流转，坚持家庭经营的基础性地位，积极培育新型经营主体，发展多种形式的适度规模经营，巩固和完善农村基本经营制度""鼓励创新农业经营体制机制，又要因地制宜、循序渐进，不能搞"大跃进"，不能搞强迫命令，不能搞行政瞎指挥，使农业适度规模经营发展与城镇化进程和农村劳动力转移规模相适应，与农业科技进步和生产手段改进程度相适应，与农业社会化服务水平提高相适应，让农民成为土地流转和规模经营的积极参与者和真正受益者，避免走弯路"。由此可清楚地看到，土地使用权流转一定要坚持条件，不能刮风，不能下指标，不能强制推行，绝不能用收走农民承包地的办法搞劳动力转移。

（1）流转方式。通过家庭承包取得的土地承包经营权可以依法采取转包、出租、互换、转让或者其他方式流转。

转包是指发生在农村集体经济组织内部农户之间的行为。转包人对土地承包经营权的产权不变。受转包人享有土地承包经营权使用的权利。

出租主要是农户将土地承包经营权租赁给本集体经济组织以外的人。出租人是享有土地承包经营权的农户，承租人是承租土地承包经营权的外村人或单位。

互换是农村集体经济组织内部的农户之间为方便耕种和各自需要，对各自的土地承包经营权的交换。互换是一种互易合同，互易后，互换的双方均取得对方的土地承包经营权，丧失自己的原土地承包经营权。双方农户达成互换合同后，应与发包人变更原土地承包合同。转让是农户将土地承包经营权移转给他人。转让将使农户丧失对承包土地的使用权，因此，对转让必须严格条件。在承包方有稳定的非农职业或者有稳定的收入来源的，可转让土地承包经营权。转让的对象应当限于从事农业生产经营的农户。具备转让条件的农户将土地承包经营权转让给其他农户，应当经发包方同意，并与发包方变更原土地承包合同。

（2）流转原则。

①平等协商、自愿、有偿，任何组织和个人不得强迫或者阻碍承包方进行土地承包经营权流转：平等指土地承包经营权流转的双方当事人的法律地位平等。双方平等的法律地位是土地承包经营权民事流转的基础。自愿是指土地承包经营权的流转必须出于双方当事人完全自愿，流转方不得强迫受流转方必须接受土地承包经营权流转，受流转方也不得强迫流转方必须将土地承包经营权流转。有偿是指土地承包经营权的流转多是等价有偿，应当体现公平原则。有偿原则并不排斥土地承包经营权在某些时候的无偿流转。土地承包经营权流转的具体事宜应当由双方当事人协商，任何组织和个人

不得强迫或者阻碍土地承包经营权的流转。

②不得改变土地所有权的性质和土地的农业用途：土地承包经营权流转，不得改变土地所有权的性质，也不得改变土地的农业用途。

③流转的期限不得超过承包期的剩余期限：土地承包经营权流转是有期限的，该期限不得超过土地承包经营权的剩余期限。例如，土地承包经营权的期限为30年，承包人已使用20年，该土地承包经营流转的期限即不得超过10年。

④受让方须有农业经营能力：受让方应当具有农业生产的能力，这是对受让方主体资格的要求。倘若其不能从事农业生产，就不能承受土地承包经营权的流转。

⑤在同等条件下，本集体经济组织成员享有优先权：土地承包经营权流转中，本集体经济组织的成员享有优先权，在同等条件下，较本集体经济组织以外的人，可以优先取得流转的土地承包经营权。

案例 10：发包方不得干预承包方流转家庭承包地

案情：某区张家庄村张某 2000 年与村委会签订了为期 30 年的土地承包合同。但近 2 年张某一直在市区做生意，没有时间管理土地。今年春天张某与邻居李某协商后，签订了土地转包协议，将承包土地转包给李某经营。村委会得知后，以此事没有征得村委会同意为由，认定转包协议无效，并说张某如不经同意转包土地，村委会就要提前收回承包土地。双方争执不下，张某反映到区农业局，请求保护其承包土地的转包权。

解析：《农村土地承包法》第十条明确规定："国家保护承包方依法、自愿、有偿地进行土地承包经营权流转"。该法第三十二条规定："通过家庭承包取得的土地承包经营权可以依法采取转包、出租、互换、转让或者其他方式流转"。第三十四条又规定："土地承包经营权流转的主体是承包方。承包方有权依法自主决定土地承包经营权是否流转和流转的方式"。该法第三十七条规定："土地承包经营权采取转包、出租、互换、转让或者其他方式流转，当事人双方应当签订书面合同。采取转让方式流转的，应当经发包方同意；采取转包、出租、互换或者其他方式流转的，应当报发包方备案"。根据上述规定，张某与邻居李某签订的是土地转包协议，不必经原发包方即村委会同意，只要报村委会备案即可。村委会以张某不经村委同意转包土地为由提前收回承包地的做法没有法律依据。

结论：为了保证当事人的权利，土地承包经营权采取转包、出租、互换、转让、入股等方式流转的，当事人双方应当签订书面合同。本案当事人基于诚实信用原则，在没有签订书面合同的情况下，将土地承包经营权流转了。在此情形下，可以认定张某与李某签订的土地转包协议成立。但流转合同应为书面合同，张某应与李某形成书面协议，并报村委备案。

（3）土地承包经营权流转的主体是承包方。土地承包经营权流转必须建立在农户自愿的基础上。在承包期内，农户对承包的土地有自主的使用权、收益权和流转权，有权依法自主决定承包地是否流转和流转的方式。任何组织和个人不得强迫农户流转土地，也不得阻碍农户依法流转土地。

（4）发包方解除权的限制。《农村土地承包法》规定，"承包期内，发包方不得单方面解除承包合同，不得假借少数服从多数强迫承包方放弃或者变更土地承包经营权，不得以划分'口粮田'和'责任田'等为由收回承包地搞招标承包，不得将承包地收回抵顶欠款"。也就是说，土地承包经营权流转必须建立在承包方自愿的基础之上，土地承包经营权是否流转以及采取什么方式流转，由承包方自主决定。在承包期间，发包方不得以单方擅自解除承包合同以及假借少数服从多数强迫承包方放弃或者变更土地承包经营权，也不得以划分"口粮田""责任田"等为由收回承包地搞招标承包，更不得将承包地收回抵顶欠款，以切实保障广大农民的土地承包经营权。

（5）土地流转要注意的问题。一是如何防止因土地流转可能带来的粮食安全问题。当前，流转后的土地用途，大都种植果树、蔬菜、林木等高效经济作物，很少种植粮食作物，如果不适当加以约束，流转的面积越多，粮食面积就会越少，这将对确保粮食安全形成不利影响。

二是如何防止因流转期限和价格不合理可能引发的社会问题。土地流转期限和流转价格是关系农民长远利益的2个实质性问题，有关法律没有对价格问题作出规定，对流转期限规定了不得超过承包期的剩余期限。但从现实情况看，流转期限过长，不利于调节双方利益。随着土地资源越来越稀有、物价指数不断提高的趋势，土地流转价格一定十几年、几十年不变的做法，实际上是对土地转出户长远利益的损害；转出土地的农民暂时离开土地，并不意味着要放弃土地，他们外出打工、进城就业并不稳定，一旦失业后回乡无地可种，流转的土地长期不能收回，土地流转收益过低又难以维持生活，很容易引发社会问题；随着国家惠农政策力度的加大，面向土地的各类补贴大幅度提高，甚至国家的补贴会超过土地流转收益，这容易出现农户毁约，引发纠纷，造成土地流转双方的矛盾，影响农村稳定。因此，要合理确定流转期限，除"四荒地"和种植林木以外，其他用途的土地流转期限最好控制在10年以内，在农民自愿的前提下，到期后可以续签合同，这既使农民有了与转入方重新谈判的机会，又使农民有了更为灵活的经营方式和回旋余地；改变目前对手交易的传统方式，建立流转价格评估机制，按片区发布指导价格，为流转双方提供价格参考，并随着物价的变化和政策力度的变化做适当调整，保证农民流转收益的最大化，保证流转的公平、公正。

三是如何防止因流转机制不完善可能造成的损害权益问题。种植大户和农户合作经营的形式，由于流转规模小，多是私下口头交易，运作不规范，农民没有稳定感，收益也没有保障，目前还难以成为引领土地流转的主导形式。实践证明，效果最好的是农民专业合作社，农户以土地出资加入合作社，既能得到土地流转收益，又能按股分红，还能保证进退自由，而且管理民主、规范，土地承包权的权能得到了充分有效的保障；企业与合作社连接，可以减少管理成本，规避自然风险，提高产品标准化程度。这样就形成了企业、合作社、农户"三赢"的局面。因此，应大力主推"企业+合作社+农户"模式，制定扶持政策，引导和鼓励土地经营权主要向专业合作社集中。

四是如何防止政府定位不准可能产生的行政干预问题。国家的法律和政策都强调土地流转的主体是承包户，任何单位和部门都不能强迫农户流转。但在实际工作中，基层组织和政府干预流转、参与流转的情况经常发生。近几年全省因土地流转引发的纠纷案件约占全部承包地纠纷案件的30%，许多企业不愿意与农户直接打交道，而是委托村"两委"组织流转，与村集体签订流转合同。虽然农户都与村集体签订了委托流转协议，但有些农户是经多方面做工作才同意委托的，这样容易留下隐患。土地流转要做到有序规范，确实需要政府和基层组织的指导，但一定要在法律和政策的框架下确定工作职责和工作范围。具体应该做好3个方面的工作，第一，要规范管理，宣传贯彻有关法律法规，制定土地流转规范性文件，负责土地确权、登记、发证，制订统一规范的流转合同文本，指导合同签订；第二，要搞好服务，通过建立土地流转市场、发育流转中介，为流转双方提供信息咨询、交易中介、价格评估、合同鉴证、档案管理、纠纷调解等服务；第三，要监督检查，负责查处土地流转过程中的违法违规事件，监督流转后的土地用途是否改变，维护流转双方权益等。

五是如何防止"一哄而上"可能出现的土地盲目流转。土地流转是市场经济条件下的经营行为，有其客观规律性，流转的力度和速度取决于发展水平。在工作指导上，切忌"大呼隆""一窝蜂"，切忌盲目定规划、提指标、赶进度。土地流转的速度和规模要与农村劳动力转移的速度和规模相一致、与经济发展的速度和规模相协调，与城乡一体化的程度相匹配。要把握规律，循序渐进，健康有序，稳步发展。

案例 11：村组提前解除合同需赔偿村民经济损失

案情：2003 年 12 月，卢××承包了 A 村四组 8.5 亩砖厂废墟作为土地耕种，一次性交了 5 年的承包费 5 000元，约定中途违约者承担违约金 1 000元。2006 年 3 月，A 村四组又将这块土地承包给铅厂，同时，终止了与卢××的合同。合同解除后，双方就已交纳的承包费和损失赔偿问题未能达成协议。

2007 年 1 月 26 日，卢××一纸诉状将 A 村四组起诉到县人民法院，要求被告退还承包费 2 800元，承担违约金 1 000元，并赔偿经济损失 2 975元；A 村四组接到诉状后只同意退还承包费 2 800元。

法院审理认为，违约者应支付违约金，违约金不足于赔偿损失时，当事人有权请求增加违约金，实质上就是有权要求赔偿不足部分的损失。卢××前期承包土地清理废墟投入了一定的资本，理应获得赔偿。经法院调解，A 村四组代表与卢××达成了以下调解协议：

A 村四组同意退还村民卢××承包费 2 800元，承担违约金 1 000元，并赔偿经济损失 2 975元。

（6）土地承包经营权流转合同的签订。土地承包经营权流转合同应当采用书面形式签订，以明确双方的权利义务，减少纠纷。当事人没有采用书面形式签订，但已实际流转了，仍可认定土地承包经营权流转合同成立。

土地承包经营权流转合同除需经流转双方当事人签字外，采取转让方式流转的，该转让合同应当经发包方同意。发包方不同意，土地承包经营权转让合同不成立。采取转包、出租、互换方式或者其他方式流转的，应当将此类流转合同报发包方备案。不论发包方是否同意，都不影响该流转合同的成立。

案例 12：农民要回口头转让的家庭承包地应支持

案情：某市孙家村孙某、孙某某到农业局反映：2000 年该村二轮延包，每人一类地 0.55 亩，二类地 0.65 亩。孙某家 4 口人、孙某某家 3 口人与本村花某家 3 口人联户由花某抓阄，共分得一类地 5.5 亩，二类地 6.5 亩，共计 12 亩土地。因孙某、孙某某在民营企业上班，除孙某将 0.55 亩的一类地由其母亲耕种外，两户的其余土地均由花某耕种，上交税费由花某负担，未签订书面协议。2002 年村签订 30 年承包合同时，花某到村委讲孙某、孙某某两户不要地了将地给了他。村委与花某签订 12 亩地 30 年期限的土地承包合同。2003 年孙某、孙某某向花某要回土地时，花某以其持有合同并缴纳相关税费为由拒不归还。

孙某、孙某某要求花某归还其家庭承包的土地。

解析：

其一，《农村土地承包法》第二十九条规定：承包期内，承包方可以自愿将承包地交回发包方。承包方自愿交回承包地的应当提前半年以书面形式通知发包方。承包方在承包期内交回承包地的，在承包期内不得再要求承包土地。

第三十七条规定：土地承包经营权采取转包、出租、互换、转让或其他方式流转，当事人双方应当签订书面合同。采取转让方式流转的，应当经发包方同意；采取转包、出租、互换或者其他方式流转的，应当经发包方备案。

第四十一条规定：承包方有稳定的非农职业或者有稳定的收入来源的，经发包方同意，可以将全部或者部分土地承包经营权转让给其他从事农业生产经营的农户，由该农户同发包方确立新的承包关系，原承包方与发包方在该土地上的承包关系即行终止。

其二，《最高人民法院关于审理涉及农村土地承包纠纷案件适用法律问题的解释》（法释〔2005〕6 号）第十条规定：承包方交回承包地不符合农村土地承包法第二十九条规定程序的，不得认定其为自愿交回。

其三，《国务院办公厅关于妥善解决当前农村土地承包纠纷的紧急通知》（国办发明电〔2004〕21号）规定："对外出农民回乡务农，只要在土地二轮延包中获得了承包权，就必须将承包地还给原承包农户继续耕种""如果是长期合同，可以修订合同，将承包地及时还给原承包农户；或者在协商一致的基础上通过给予或提高原承包农户补偿的方式解决"。

其四，《山东省农村集体经济承包合同管理条例》第十三条第二项规定：损害国家、集体、第三人利益和社会公共利益的承包合同无效。

孙某、孙某某，①没有放弃承包地的书面证明；②其家在农村，在民营企业打工没有稳定的职业，不符合转让的条件；③没有与花某签订书面的流转合同。村委仅凭花某的说辞将孙某、孙某某两户按人分配的承包地签入花某合同的做法是侵犯了孙姓两户的土地承包经营权。

结论：村委会与花某签订的承包合同，违反了国家和山东省有关土地承包的法律法规规定，其所签合同无效，必须依法纠正。将花某所占有的孙姓两户的承包地归还原户，村委与各户的承包合同重新签订。

（7）互换、转让方式流转土地，未经登记，不得对抗善意第三人。法律对互换、转让方式流转土地提出了登记要求，但不强制当事人登记。但明确规定不登记不得对抗善意第三人。也就是说，当事人签订土地承包经营权的互换、转让合同，并经发包方备案或者同意后，该合同即发生法律效力，但不强制当事人登记，将登记的决定权交给农民，当事人要求登记的，可以登记。未经登记，不能对抗善意第三人。也就是说，不登记将产生不利于土地承包经营权受让人的法律后果。例如，承包户A将某块土地的承包经营权转让给B，但没有办理变更登记。之后，A又将同一块地的承包经营权转让给C，同时，办理了变更登记。如果B与C就该块土地的承包经营权发生纠纷，由于 C 取得土地承包经营权进行了登记，他的权利将受到保护。B 将不能取得该地块的土地承包经营权。因此，土地承包经营权的受让人为更好地维护自己的权益，应当向县级以上地方人民政府申请登记。

（三）其他方式的承包

其他方式的承包是指采取招标、拍卖、公开协商等方式承包不宜采取家庭承包方式的荒山、荒沟、荒丘、荒滩等农村土地，从事种植业、林业、畜牧业、渔业等农业目的生产经营。根据土地管理法的规定，"四荒"属于"未利用地"。

在工作实践中，如何确定"不宜采取家庭承包方式"，一般按照《中华人民共和国村民委员会组织法》的规定，经村民会议讨论决定的方法办理。

中央有关文件指出，治理和开发农村集体所有的"四荒"，应根据群众的意愿和当地的实际情况，实行家庭或联户承包、租赁、股份合作、拍卖使用权等多种方式。哪种方式有利于调动群众积极性，有利于保持水土，有利于发展壮大集体经济，就采用哪种方式，切忌"一刀切"。

但无论采用哪种方式治理开发"四荒"，都必须遵守有关法律、法规和政策。不准在 25 度以上的陡坡上开荒种植农作物，不准破坏植被、道路和农田水利、水土保持工程设施。不得进行掠夺式开发，不得将"四荒"改为非农用途，以免造成新的水土流失。对于治理进展缓慢，未达到合同或协议规定进度的，要提出限期治理的要求；对于长期违约不治理开发的，可以收回使用权。对于毁坏林草植被种植农作物和其他掠夺式开发造成水土流失的，破坏道路和农田水利、水土保持工程设施的以及将"四荒"改作非农用途的，要限期改正，否则，收回其使用权，并依法予以处罚。

1. 其他方式的承包方式

对荒山、荒沟、荒丘、荒滩等土地的承包方式灵活多样，可以直接通过向社会公开招标、拍卖、公开协商等方式进行，也可以在本集体经济组织内部，将土地承包经营权折股分给本集体经济组织成员后，再实行承包经营或者股份合作经营。

2. 承包期限

按照国家有关政策规定，"四荒"使用权承包、租赁或拍卖的期限最长不得超过50年。

3. 承包原则

（1）本集体经济组织成员的优先承包权。法律规定，"以其他方式承包农村土地，在同等条件下，本集体经济组织成员享有优先承包权"。所谓同等条件，即本集体经济组织内部成员和外部竞包者同时参与承包权的竞争，在两者农业技术力量、资金状况、信誉状况、承包费用等条件相当的情况下，本集体经济组织内部成员取得该土地的承包权。在两者资信、技术等条件有所差异的情况下，当然应采取择优选用的标准，而绝不是当然的将土地包给条件处于劣势的本集体经济组织内部成员。否则，就违背了招标、拍卖、公开协商所强调的公开性、公正性和程序性的原则。因此，不能简单地认为在以其他方式承包土地的情况下，本集体经济组织内部成员一定享有优先权，这里的优先是以"同等条件"为前提的。在与本集体经济组织外的单位或个人竞争承包权时，本集体经济组织内部成员与外部竞争者具有同等的竞争条件时，发包方才可将土地优先承包给本集体经济组织内部成员。

（2）发包给本集体经济组织以外的单位或个人的程序。法律规定，本集体经济组织以外的单位和个人以其他方式承包农村土地的，应当事先经本集体经济组织成员的村民会议2/3以上成员或者2/3以上村民代表的同意。并且，由本集体经济组织以外的单位和个人承包经营的，发包方应当对承包方的资信情况和经营能力进行审查后，再签订承包合同。1999年中央有关文件指出，农村大部分"四荒"资源属当地农民群众集体所有，农村集体经济组织在实施承包、租赁或拍卖"四荒"使用权之前，应当坚持公开、公平、自愿、公正的原则，充分发扬民主，广泛征求群众意见，成立由村民代表参加的工作小组，拟订方案，要规定治理开发"四荒"的范围、期限、方式（承包、租赁、拍卖等）与程序、估价标准，明确治理开发的内容和要求等，经村民会议或者村民代表大会讨论通过。依照有关土地管理的法律、法规须报经县级以上人民政府批准的，应办理有关批准手续。如果承包、租赁或拍卖的对象是本集体经济组织以外的单位或者个人，必须经村民会议 2/3 以上成员或者 2/3 以上村民代表的同意。之所以规定本集体经济组织以外的单位和个人承包"四荒"资源时，要经村民会议 2/3 以上成员或者 2/3 以上村民代表的同意，主要是为了确保本集体经济组织所有成员的利益，防止个别人员对农民集体所有的土地所有权的侵害。

4. 承包方和发包方之权利和义务的确定

《农村土地承包法》规定"以其他方式承包农村土地的，应当签订承包合同。当事人的权利和义务、承包期限等，由双方协商确定。以招标、拍卖方式承包的，承包费通过公开竞标、竞价确定；以公开协商等方式承包的，承包费由双方议定"。与家庭承包对承包方、发包方的权利义务、不同类别土地的承包期限、承包合同的具体条款以及承包地的收回和调整、土地承包经营权的流转、继承等做出详尽的法律规定不同，对于其他形式的承包，着眼点在效率，重在开发治理，改善生态环境，促进可持续发展，双方的权利义务可以由双方协商确定。

需要注意的是，其他方式承包必须符合国家法律政策规定，虽可协商但不能任意而为，否则，所签订的承包合同无效。一般来讲具有下列情况之一的合同无效：属于违反国家法律、行政法规强制性规定的；损害社会公共利益的，违背自愿原则的，采取欺诈、胁迫或其他不正当手段签订合同损害国家利益的；恶意串通损害国家、集体利益的以及发包人无权发包的。

5. 其他方式承包经营权流转

《农村土地承包法》第 49 条规定"通过招标、拍卖、公开协商等方式承包农村土地，经依法登记取得土地承包经营权证或者林权证等证书的，其土地承包经营权可以依法采取转让、出租、入股、抵押或者其他方式流转"。为便于理解把握其他方式承包经营权流转规定，将其与"家庭承包"在承包经营权流转作比较说明。主要有以下几个方面。

（1）流转的客体有一定区别。在家庭承包中，流转的客体一般为耕地、林地和草地的承包经营权。而其他方式的承包，流转的客体一般为"四荒"等土地的承包经营权。

（2）流转的方式有一定区别。家庭承包的流转方式有转包、出租、互换、转让等方式。而其他方式的承包的流转方式有转让、出租、入股、抵押等方式。例如，以家庭承包方式获得的土地承包经营权不得抵押，而依法承包的荒山、荒沟、荒丘、荒滩等荒地的土地使用权经依法登记可以抵押。

（3）流转的前提有一定区别。家庭承包取得了土地承包经营权后，由于已由人民政府发证并登记造册，土地承包经营权得到了确认，因此，即已具备流转的权利基础。以招标、拍卖、公开协商等方式取得的土地承包经营权，其间是一种合同关系。而承包"四荒"，由于期限较长，有的达到50年，双方需要建立一种物权关系，因此，必须在依法登记，取得土地承包经营权证或者林权证等证书的前提下才能流转。

（4）流转的条件有一定区别。

①家庭承包中的转包、出租和互换，双方当事人在签订合同后，要报发包方备案；采取转让的流转方式的，转让方应当有稳定的非农职业或者稳定的收入来源，并要经过发包方同意。而其他方式的承包中的流转则无此要求，主要原因是其他方式的承包是通过市场化的行为并支付一定的对价获得的，而家庭承包是通过行使成员权获得的，在我们国家具有社会保障和社会福利性质。

②家庭承包中接受流转的一方有的须为本集体经济组织的成员，如互换；或者从事农业生产经营的农户，如转让。而在其他方

式的承包中则对受让方没有特别限制。

6. 其他方式获得的土地的承包经营权可以继承

《农村土地承包法》第 50 条规定"土地承包经营权通过招标、拍卖、公开协商等方式取得的，该承包人死亡，其应得的承包收益，依照继承法的规定继承；在承包期内，其继承人可以继续承包"。对比家庭承包中的继承，2 种方式的承包引发的继承问题有一定的差别。主要体现在以下几方面。

（1）家庭承包的方式，土地承包经营权是农村集体经济组织内部人人有份的，是农村集体经济组织成员的一项权利。而在其他方式的承包中，则不存在这个问题。例如，一个农户对本村荒山的承包，这个承包并不是在本村内人人有份的，而是通过招标、拍卖或者公开协商等方式取得的土地承包经营权，这种承包是有偿取得，期限较长，投入很大，应当允许继承。

（2）在家庭承包的方式中，由于是以户为生产经营单位，因此，部分家庭成员死亡的，不发生土地承包经营权本身的继承问题，而是由这承包户内的其他成员继续承包。如果在承包人死亡，承包方的家庭消亡后，土地承包经营权由发包方收回，其他继承人只能继承土地承包的收益，并要求发包方对被继承人在土地上的投入做一定的补偿。而在其他方式的承包中则有所不同。如承包本村荒山的承包人，在其死后，荒山的经营权可以由其继承人继续承包，如果所有的继承人都不愿意承包经营，还可以将经营权转让，把转让费作为遗产处理。

（3）在家庭承包方式中，林地承包的承包人死亡，其继承人可以在承包期内继续承包。其他方式的承包的继承与林地承包是相似的，即以其他方式承包的承包人死亡后，其所承包的"四荒"的经营权在承包期内由继承人继续承包。

案例 13：耕地称为涝洼地，47 枚手印怒指违规发包

案情：2005 年 7 月 14 日，××市吴董安村委会未经大多数村民同意，也未报有县级以上有关部门批准的情况下，只是请 4 名村民代表在饭店酒桌上签署了同意书，即与原籍系吴董安村、现在城市生活的董某签订了为期 20 年的土地承包合同，将该村二组 40 亩可耕地谎称为"闲散涝洼地"承包给了董某修建养猪场，并申请公证机关进行了公证。合同签订后，村二组大多数村民反响强烈，极力反对。在阻止董某施工未果的情况下，吴董安村二组 47 名村民纷纷在一份起诉状上摁上自己的手印，于当年 9 月向××县法院提起诉讼，要求依法解除村委会与董某所签订的土地承包合同，并将土地收回。

××县法院经审理认为，此土地承包合同未经村民会议 2/3 以上成员或 2/3 以上村民代表同意，属无效合同，遂判决解除吴董安村民委员会与董某的承包合同，将 40 亩土地返还于吴董安村二组全体村民耕种。董某不服一审判决，遂于 2006 年 1 月上诉于××市中院。

二审上诉期间，正值春耕备播的季节。如果该案件得不到及时审理，错过农时，40 亩土地将有被撂荒的可能。俗话说"人慌慌一天，地荒荒一年"。吴董安村二组全体村民心急如焚。承办该案的民三庭的法官们，对该案的审理进行了详细认真的研究，并于 3 月 24 日亲自到吴董安村现场勘验，就近到不远的一处法院审判庭进行公开开庭审理。

庭审中，双方当事人围绕本案争议的焦点进行了举证、质证及辩论。法庭辩论结束后，合议庭及时进行评议认为，村委会将 40 亩土地承包给本集体经济组织以外的人，未经本集体经济组织成员的村民会议 2/3 以上成员或村民代表 2/3 以上同意，违反了《农村土地承包法》的规定，且合同内容规避了国家保护耕地的强制性法律规定。另根据《中华人民共和国公证法》第 36 条"经公证的民事法律行为、有法律意义的事实和文书，应当作为认定事实的根据，但有相反证据足以推翻该项公证的除外"之规定，该合同虽然经过公证，但仍不具有法律效力。遂当庭宣判，判决吴董安村委会与第三人董某所签订的土地承包合同无效，董某将土地返还。

案例 14：对外发包（流转）不民主，200 村民状告村委会胜诉

2004 年 3 月 19 日，××镇崔古同行政村朱子先等原村委会干部以村委会名义，与第三人曹某在村民不知情的情况下签订了该村 21 亩林场地的承包合同。双方就承包期限、承包费数额、承包地、承包款交付期限及违约责任做了明确约定，并于 2004 年 4 月 12 日对该合同进行了公证。2004 年 9 月 18 日，朱子先为曹某出具收到林场地承包款的收据，崔古同行政村把林场地交曹某承包。

××县法院经审理认为，村委会与第三人曹某签订的合同虽然形式完备，双方意识表示真实，且经过公证，但该合同签订未经本行政村村民 2/3 以上的成员或 2/3 以上的村民代表同意，亦未报××镇人民政府批准，该合同的签订是对崔古同行政村村民知情权和优先承包权的有意规避。该宗土地的承包程序违反了我国农村土地承包法及我国合同法的强制性规定。判定村委会与曹某签订的合同无效，曹某将林场土地返还。

四、解决农村土地承包经营纠纷途径

土地承包经营纠纷主要是指在土地承包过程中发包方与承包方发生的纠纷，也包括土地承包当事人与第三人发生的纠纷。主要是：①因订立、履行、变更、解除和终止农村土地承包合同发生的纠纷；②因农村土地承包经营权转包、出租、互换、转让、入股等流转发生的纠纷；③因收回、调整承包地发生的纠纷；④因确认农村土地承包经营权发生的纠纷；⑤因侵害农村土地承包经营权发生的纠纷；⑥法律、法规规定的其他农村土地承包经营纠纷。

对上述矛盾纠纷，《农村土地承包法》规定了协商、调解、仲裁、诉讼的基本解决途径。对农村经常发生的因征收集体所有的土地及其补偿发生的纠纷，不属于土地承包经营纠纷范围，这类纠纷可以通过协商、行政复议或者诉讼等方式解决。

（一）协商

发包方与承包方发生纠纷后，能够协商，达成协议，是最好的解决办法。即节省时间，又节省人力物力。但不是事事都能够通过协商解决的，况且还有当事人不愿意通过协商解决问题。因此，当事人不愿协商，或者协商不成的，可以通过调解、仲裁、诉讼的途径解决。

（二）调解

当事人可以将纠纷通过调解解决，但调解不是仲裁或诉讼的必经程序。调解人可以是公民个人，也可以是人民政府及其有关部门，还可以是其他社会团体、组织。对于村民小组或村内的集体经济组织发包的，发生纠纷后，可以请求村民委员会调解；对于村集体经济组织或村民委员会发包的，发生纠纷后，可以请求乡（镇）人民政府调解。其他的调解部门可以是政府的农业、林业等行政主管部门，也可以是政府设立的负责农业承包管理工作的农村集体经济管理部门。当事人不愿协商或者协商不成的，可以将纠纷提交所在乡（镇）的农村合作经济经营管理部门调解。

（三）仲裁

当事人不愿协商、调解，或者协商、调解不成的，可以向农村土地承包仲裁机构申请仲裁。

1. 仲裁机构的设立

（1）仲裁委员会在当地人民政府指导下依法设立，接受县级以上人民政府及土地承包管理部门的指导和监督。仲裁委员会设立后报省（自治区、直辖市）人民政府农业、林业行政主管部门备案。市、县级农村土地承包管理部门负责制定仲裁委员会设立方案，协调相关部门，依法确定仲裁委员会人员构成，报请当地人民政府批准。仲裁委员会组成人员应不少于9人。乡镇人民政府应设立农村土地承包经营纠纷调解委员会，调解工作人员一般不少于3人。村（居）民委员会应明确专人负责农村土地承包经营纠纷调解工作。

（2）仲裁委员会办公室设立。仲裁委员会日常工作由仲裁委员会办公室（以下简称仲裁办）承担。仲裁办设在当地农村土地承包管理部门。仲裁委员会可以办理法人登记，取得法人资格。

仲裁办应设立固定办公地点、仲裁场所。仲裁办负责仲裁咨询、宣传有关法律政策，接收申请人提出的仲裁申请，协助仲裁员开庭审理、调查取证工作，负责仲裁文书送达和仲裁档案管理工作，管理仲裁工作经费等。仲裁办应当设立固定专门电话号码，并在仲裁办公告栏中予以公告。

2. 申请农村土地承包经营纠纷仲裁的条件

（1）申请人与纠纷有直接的利害关系；

（2）有明确的被申请人；

（3）有具体的仲裁请求和事实、理由；

（4）属于仲裁委员会的受理范围。

当事人申请仲裁，应当向纠纷涉及土地所在地的仲裁委员会递交仲裁申请书。申请书可以邮寄或者委托他人代交。书面申请有困难的，可以口头申请，由仲裁委员会记入笔录，经申请人核实后由其签名、盖章或者按指印。仲裁委员会收到仲裁申请材料，应当出具回执。回执应当载明接收材料的名称和份数、接收日期等，并加盖仲裁委员会印章。

3. 不予受理或已受理的需要终止仲裁程序的情形

（1）不符合申请条件；

（2）人民法院已受理该纠纷；

（3）法律规定该纠纷应当由其他机构受理；

（4）对该纠纷已有生效的判决、裁定、仲裁裁决、行政处理决定等

4. 先予执行

为了保证农业生产的正常进行，在纠纷发生后，对农村种植业、养殖业等季节性的承包合同纠纷应及时处理，仲裁委员会认为必要时，可裁定先恢复生产，然后解决纠纷。这是农村土地承包矛盾纠纷仲裁的一大特色，有利于农村经济秩序的稳定。

5. 调解仲裁裁决效力

仲裁委员会依法设立仲裁庭，调解裁决农村土地承包矛盾纠纷。仲裁庭依法独立履行职责，不受行政机关、社会团体和个人的干涉。

仲裁农村土地承包经营纠纷，应当自受理仲裁申请之日起 60 日内结束；案情复杂需要延长的，经农村土地承包仲裁委员会主任批准可以延长，并书面通知当事人，但延长期限不得超过 30 日。

当事人不服仲裁裁决的，可以自收到裁决书之日起 30 日内向人民法院起诉。逾期不起诉的，裁决书即发生法律效力。

当事人对发生法律效力的调解书、裁决书，应当依照规定的期限履行。一方当事人逾期不履行的，另一方当事人可以向被申请人住所地或者财产所在地的基层人民法院申请执行。受理申请的人民法院应当依法执行。

（四）诉讼

按《农村土地承包法》规定，调解仲裁不是诉讼的必经程序，即农村土地承包矛盾纠纷发生后，可以不经协商，不经调解，也不经仲裁，当事人可以直接向人民法院起诉。

五、农村土地承包经营权确权登记颁证工作简介

（一）农村土地承包经营权确权登记颁证的意义

农村土地承包经营权确权登记颁证，是指对家庭承包土地确权

登记颁证和其他承包方式承包的土地确权登记颁证。

家庭承包土地的确权登记颁证，是依据《物权法》《农村土地承包法》等法律规定，由县（区、市）农村土地承包管理部门对家庭农户承包土地的地块、面积、空间位置等信息及其变动情况记载于登记簿，由县级以上地方人民政府确权颁发土地承包经营权证书，以进一步明确农民对承包土地的各项权益。这是此次家庭土地承包经营权确权登记颁证工作的重点。其他承包方式承包的土地确权登记颁证，是指根据《农村土地承包法》《农村土地承包经营权证管理办法》等法律法规，对家庭承包以外的其他承包经营土地的地块、面积、空间位置等信息及其变动情况记载于登记簿，经县（区、市）农村土地承包管理部门审核，由县级人民政府颁发土地承包经营权证书予以确认土地承包的权益。

农村土地承包经营权确权登记颁证是《农村土地承包法》《物权法》《山东省实施〈农村土地承包法〉办法》等法律法规的法定要求，是中央关于"三农"工作的重大部署，是依法维护农民的土地承包经营权的重要举措，是推动土地规范流转，促进土地适度规模经营，发展现代农业的客观需要，是加快城乡发展一体化、促进城乡要素平等交换和公共资源均衡配置、形成新型工农、城乡关系的基础性工程，是深化农村产权制度改革、征地制度改革增加农民财产性收入的有效途径。做好农村土地承包经营权确权登记工作，有利于建立归属清晰、保护严格、流转顺畅的农村产权制度，为健全农村市场经济体制提供强有力的物权保障；有利于强化承包农户的市场主体地位和家庭承包经营的基础地位，为巩固农村基本经营制度提供强有力的制度保障；有利于明确土地承包经营权归属，为解决土地承包经营纠纷、维护农民土地承包的各项合法权益，提供强有力的原始依据。

（二）农村土地承包经营权确权登记颁证的法律法规和政策依据和指导思想

法律法规依据有：《农村土地承包法》《物权法》《土地管理法》《村民委员会组织法》《山东省实施〈农村土地承包法〉办法》等。文件政策依据有：2008 年 10 月 12 日党的十七届三中全会《关于推进农村改革发展若干重大问题的决定》；2009 年《中共中央国务院关于促进农业稳定发展农民持续增收的若干意见》（中发〔2009〕1 号）文件；2010 年《中共中央 国务院关于加大统筹城乡发展力度进一步夯实农业农村发展基础的若干意见》（中发〔2010〕1 号）文件；2012 年《中共中央、国务院关于加快推进农业科技创新持续增强农产品供给保障能力的若干意见》（中发〔2012〕1 号）文件；2013 年《中共中央国务院关于加快发展现代农业进一步增强农村发展活力的若干意见》（中发〔2013〕1 号）文件；2013 年《中共山东省委山东省人民政府关于认真贯彻中发〔2013〕1 号文件精神深入推进农村改革发展意见》（鲁发〔2013〕1 号）文件。2011 年农业部等 6 部门《关于开展农村土地承包经营权登记试点工作的意见》（农经发〔2011〕2 号）。

总的指导思想是：坚持和完善农村基本经营制度，保持现有农村土地承包关系稳定并长久不变，探索完善农村土地承包经营权确权登记颁证制度。

（三）基本原则

开展农村土地承包经营权确权登记颁证工作，政策性、专业性强，既要解决问题，又要防止引发矛盾，必须把握好政策原则，得到群众认可，经得起历史检验。

承包地确权登记颁证遵循的基本原则是：坚持尊重历史、正视现实的原则；坚持依法办事、规范有序的原则；坚持公开、公平、公正、民主协商的原则；坚持先试点、逐步推开的原则；坚持积极稳妥、不留后患的原则。具体应坚持以下几个方面。

1. 坚持稳定土地承包关系

开展土地承包经营权确权登记颁证，是对现有土地承包关系的进一步完善，不是推倒重来、打乱重分，不能借机调整或收回农户承包地。要以现有承包台账、合同、证书为依据确认承包地归属。对个别村部分群众要求调地的，按照法律法规和政策规定，慎重把握、妥善处理。对于确因自然灾害毁损等原因，需要个别调整的，应当按照法定条件和程序调整后再予确权。

2. 坚持以确权确地为主

土地承包经营权确权，要坚持确权确地为主，总体上要确地到户，从严掌握确权确股不确地的范围，坚持农地农用。对农村土地已经承包到户的，都要确权到户到地。实行确权确股不确地的条件和程序，由省级人民政府有关部门作出规定，切实保障农民土地承包权益。不得违背农民意愿，行政推动确权确股不确地，也不得简单地以少数服从多数的名义，强迫不愿确股的农民确股。

3. 坚持依法依规有序操作

按照物权法定精神，严格执行《物权法》《农村土地承包法》《土地管理法》等法律法规和政策规定，按照农业部制发的相关规范和标准，开展土地承包经营权调查，完善承包合同，建立登记簿，颁发权属证书，确保登记成果完整、真实、准确。对确权登记颁证中的争议，有法律政策规定的，依法依政策进行调处。对于一些疑难问题，在不违背法律政策精神的前提下，通过民主协商妥善处理。权属争议未解决的，不进行土地承包经营权确权登记颁证。加强土地承包经营权确权登记颁证成果的保密管理，保护土地承包权利人的隐私。

4. 坚持以农民群众为主体

农民群众主动参与、积极配合是搞好土地承包经营权确权登记颁证的关键。要做深入细致的宣传、动员和解释工作，让农民充分了解确权登记颁证工作的目的、意义、作用和程序要求，充分发挥农民群众的主体作用，变"要我确权"为"我要确权"。特别要注意组织老党员、老干部参与确权登记颁证工作，充分发挥他们熟悉情况、调解纷争的积极作用。村组集体的土地承包经营权确权登记颁证方案，要在本集体成员内部充分讨论，达成一致，切实做到农民的事让农民自己做主。承包地块面积、四至等表格材料要经过农户签字认可。对于外出不在家的农户，要采取多种方式及时通知到户到人，充分保障其知情权、选择权、决策权。

5. 坚持进度服从质量

土地承包经营权确权登记颁证是长久大计，不能怕麻烦、图省事，必须做细做实，确保质量。各地要根据实际，统筹安排资源，科学把握进度，分期分批，积极稳妥推进。先抓好试点，及时发现问题，找到解决办法，然后在总结经验的基础上逐步扩大范围，不搞齐步走，不强求百分之百。要实行全程质量控制，把握关键环节，守好质量关口。

6. 坚持实行地方分级负责

按照中央要求，地方各级尤其是县乡两级对本行政区域内的土地承包经营权确权登记颁证工作全面负责。要强化属地管理，层层落实责任。省级主要承担组织领导责任；地市级主要承担组织协调责任；县乡两级主要承担组织实施责任，是开展土地承包经营权确权登记颁证工作的关键主体，领导要亲自挂帅、精心组织、全面落实。

（四）目标任务

承包地确权登记颁证工作的目标任务是：进一步完善农村土地承包关系，建立健全土地承包经营确权登记颁证制度，解决农户承包地地块面积不准、四至不清、空间位置不明、登记簿不健全等问题。实现承包面积、承包合同、经营权登记簿、经营权证书"四相符"；承包地分配、承包地四至边界测绘登记、承包合同签订、承包经营权证书发放"四到户"。建立农村土地承包信息数据库和农村土地承包管理系统，实现农村土地承包经营权登记管理信息化。2015 年底基本完成全省农村土地承包经营权确权登记颁证工作。开展农村土地承包经营权确权登记颁证，核心是确权，重点在登记，关键在权属调查，各地要从实际出发，一个环节一个环节地做好工作。

1. 开展土地承包档案资料清查

依据农村土地所有权确权登记发证材料、土地承包方案、承包台账、承包合同、承包经营权证书等相关权属档案资料进行清查整理、组卷，按要求进行补建、修复和保全，摸清承包地现状，查清承包地块的名称、坐落、面积、四至、用途、流转等原始记载；摸清农户家庭承包状况，收集、整理、核对承包方代表、家庭成员及其变动等信息。有条件的地方，可以把档案清查、整理与土地承包管理信息化结合起来，推进土地承包原始档案管理数字化。

2. 开展土地承包经营权调查

对农村集体耕地开展土地承包经营权调查，查清承包地权利归属。重点是做好发包方、承包方和承包地块调查，如实准确填写发包方调查表、承包方调查表、承包地块调查表，制作调查结果公示表和权属归户表。以农村集体土地所有权确权登记结果为基础，以第二次全国土地调查成果为依据，充分利用现有的图件、影像等数据，绘制工作底图、调查草图，采用符合标准规范、农民群众认可的技术方法，查清农户承包地块的面积、四至、空间位置，制作承包地块分布图。调查成果经审核公示确认，作为土地承包经营权确实权的现实依据。对公示内容有异议的，进行补测核实。

3. 完善土地承包合同

根据公示确认的调查成果，完善土地承包合同，作为承包户取得土地承包经营权的法定依据。对没有签订土地承包合同的，要重新签订承包合同；对承包合同丢失、残缺的，进行补签、完善。实际承包面积与原土地承包合同、权属证书记载面积不一致的，要根据本集体通过的土地承包经营权确权登记颁证方案进行确权。属于原承包地块四至范围内的，原则上应确权给原承包农户。未经本集体成员协商同意，不得将承包方多出的承包面积转为其他方式承包并收取承包费。土地承包合同记载期限应以当地统一组织二轮延包的时点起算，承包期为30年，本轮土地承包期限届满，按届时的法律和保持现有土地承包关系稳定并长久不变的政策规定执行。

4. 建立健全登记簿

根据这次确权登记颁证完善后的承包合同，以承包农户为基本单位，按照一户一簿原则，明确每块承包地的范围、面积及权利归属，由县级人民政府农村经营管理机构建立健全统一规范的土地承包经营权登记簿，作为今后不动产统一登记的基础依据。登记簿应当记载发包方、承包方的姓名、地址，承包共有人，承包方式，承包地块的面积、坐落、界址、编码、用途、权属、地类及是否基本农田，承包合同编号、成立时间、期限，权利的内容及变化等。已经建立登记簿的，补充完善相关登记信息；未建立的，要抓紧建立。承包农户自愿提出变更、注销登记申请的，经核实确认后，予以变更或注销，并在登记簿中注明。

5. 颁发土地承包经营权证书

根据完善后的土地承包合同和建立健全的土地承包经营权登记簿，在确保信息准确无误、责任权利明确的基础上，按规定程序和修订后的土地承包经营权证书样本，向承包方颁发土地承包经营权证书，原已发的土地承包经营权权属证书收回销毁。承包经营权证书载明的户主或共有人，要体现男女平等的原则，切实保护妇女土地承包权益。实行确权确股不确地的，也要向承包方颁发土地承包经营权证书，并注明确权方式为确权确股；承包方有意愿要求的，发包方可以向承包方颁发农村集体的土地股权证。为与不动产统一登记工作衔接，今后可按照"不变不换"的原则，承包农户可以自愿申请、免费换取与不动产统一登记相衔接的证书，避免工作重复和资金浪费。抓紧研究制定统一的不动产登记簿册和权属证书办法，在条件具备时实施。

6. 推进信息应用平台建设

充分利用现有资源，完善、建立中央与地方互联互通的土地承包经营权信息应用平台，并以县级为单位建立土地承包经营权确权登记颁证数据库和土地承包经营权登记业务系统，实现土地承包合同管理、权属登记、经营权流转和纠纷调处等业务工作的信息化，避免重复建设和各自为政。以县级土地承包经营权确权登记结果和现有资源为基础，逐级汇总，完善、建立中央和省地县四级土地承包经营权确权登记颁证数据汇总和动态管理制度。研究制定土地承包经营权登记业务系统与不动产登记信息平台的数据交换协议，与不动产登记信息平台实现信息共享。

7. 建立健全档案管理制度

土地承包经营权确权登记颁证过程中形成的文字、图表、声像、数据等文件材料，是对国家、社会有保存价值的重要凭证和历史记录。各地要按照农业部、国家档案局制发的《农村土地承包经营权确权登记颁证档案管理办法》，坚持统一领导、分级实施、分类管理、集中保管的原则，认真做好土地承包经营权确权档案的收集、整理、鉴定、保管、编研和利用等工作。档案管理工作应当与土地承包经营权确权登记颁证工作同步部署、实施、检查和验收，做到组织有序、种类齐全、保管安全，确保管有人、存有地、查有序。

（五）确权中需要正确把握的几个问题

1. 对以前已经合、分户经营的承包地如何确权登记颁证

对以前与发包方重新签订承包合同，进行了承包土地经营权变更合户经营的承包地，可以进行确权登记颁证。如果没有完备手续存在争议的，应先由当事人依法解决争议后，方可进行确权登记颁证。

对于以前已经实行分户经营的承包地，按照《山东省实施

〈农村土地承包法〉办法》"承包期内，承包方家庭成员分户并申请分别签订承包合同的，发包方应当分别签订，并依照法定程序办理农村土地承包经营权证或者林权证等证书的变更手续"规定，分户经营被当事人认可或接受的，可以按照分户后各户对土地的承包现状进行确权登记颁证。对以前分户存在争议的，先由当事人解决争议，再进行确权登记颁证。

2. 其他承包方式承包的土地如何确权登记颁证

采用其他承包方式承包的集体土地，当事人申请土地承包经营权登记的，要报经县级土地承包管理部门审核。经县级土地承包管理部门根据法律法规进行严格审核后，符合法律规定的，可参照家庭承包经营方式予以登记颁证。

3. 集体供养"五保户"的承包地如何确权登记

根据《农村土地承包法》和《山东省实施〈农村土地承包法〉办法》等法律法规及政策的相关规定，集体供养"五保户"的承包地应尊重"五保户"的意愿，确定是否进行确权登记颁证。集体不能强行收回"五保户"的承包地作为集体机动地。

4. 全家迁入设区的市转为非农业户口的承包地如何处理

按照土地承包法规定，承包期内，承包方全家迁入设区的市，转为非农业户口的，应当将承包的耕地和草地交回发包方。承包方不交回的，发包方可以收回承包的耕地和草地。2011 年《国务院办公厅关于积极稳妥推进户籍管理制度改革的通知》（国办发〔2011〕9 号）提出将农民"申请登记常住户口"扩大到设区的市（不含直辖市、副省级市和其他大城市），并规定"现阶段，农民工落户城镇，是否放弃宅基地和承包的耕地、林地、草地，必须完全尊重农民本人的意愿"。因此，从国办发〔2011〕9 号文件下发后，承包方全家迁入设区的市（不含直辖市、副省级市和其他大城市）的，是否对其承包土地进行确权登记颁证，应当尊重承包方的意愿。如在工作中遇到复杂的问题时，可由村民会议议决。

5. 在城镇落户的家庭如何对农村的承包地进行确权登记颁证

承包方全家迁入小城镇落户的，应当按照承包方的意愿，保留其土地承包经营权或者允许其依法进行土地承包经营权流转。2013年《中共山东省委山东省人民政府关于认真贯彻中发〔2013〕1号文件精神深入推进农村改革发展意见》（鲁发〔2013〕1号）文件明确提出，农村居民转入城镇户口后，原有土地承包经营权保持不变。农户家庭虽然已迁入城镇落户居住，但应当保留其土地承包经营权，应当按照承包方的意愿进行确权登记颁证。

家庭迁入城镇居住，但户口仍在农村的仍然是该集体经济组织内部的家庭承包户，应当如实进行承包地确权登记颁证。

公职人员、现役军人、大学生等人员户口已经迁出的，不影响家庭承包土地的权益和承包地确权登记颁证。

6. 土地二轮延包合同以外的新增加的地块能否进行确权登记

根据《村民委员会组织法》《农村土地承包法》《山东省实施〈农村土地承包法〉办法》等法律法规的规定，对土地二轮延包合同以外的新增加的地块，应由村民会议或村民代表会议讨论决定能否进行确权登记。

二轮延包时，村组干部和分田代表等人员留给自己的未签订家庭承包合同的地块不能登记为该户的家庭承包地，应作为集体机动地处理。

7. 农户占用田间路、沟渠等耕种的能否确定为家庭承包面积

根据国土资源部《关于印发〈确定土地所有权和使用权的若干规定〉的通知》（〔1995〕国土（籍）字26号）规定，乡（镇）或村在集体所有的土地上修建并管理的道路、水利设施用地分别属于乡（镇）或村农民集体所有。因此，农户占用田间路、沟渠等耕种的土地不能确定为家庭承包面积，应当按照原承包地块测量的面积进行确权登记颁证。

8. 农户流转的家庭承包地如何确权登记

关于农户土地承包经营权的流转的相关规定和最高人民法院《关于审理涉及农村土地承包纠纷案件适用法律问题的解释》（法

释〔2006〕6号）等，区分不同情况进行确权登记颁证。

（1）农户以互换的方式流转承包地的，流转双方有书面流转协议（合同）的，按照协议据实确权登记颁证。未有书面协议的，由双方达成书面协议并向村集体备案签订流转合同后，再依据合同确权登记颁证。互换有争议的，待争议解决后再确权登记颁证。

（2）农户以转让方式流转承包地的。未经原承包方书面申请和发包方书面认可的，仍按原承包农户确权登记颁证。经原承包方书面申请和发包方书面认可的，按照流转协议（合同）据实测量土地并确权登记颁证。

（3）以转包、出租、入股等方式流转承包地的，按原承包农户确权登记颁证。

9. 家庭承包地全部或部分被国家征用的如何确权登记

承包地全部被国家征用的应进行注销登记，被国家部分征用的，应从承包土地地块和面积中减除，并进行变更登记，未被征用部分则据实测量确权登记颁证。

因发展集体公益事业全部或部分被使用的承包地，分别进行注销和变更登记，未被征用部分则据实测量确权登记颁证。

10. 对农户开垦的土地是否登记为家庭承包地

根据《农村土地承包法》《土地管理法》《山东省实施〈农村土地承包法〉办法》和《国务院办公厅关于进一步做好治理开发农村"四荒"资源工作的通知》（国办发〔1999〕102号）等法律政策的有关规定，农户自行开垦的土地，已经作为家庭承包土地的可以进行确权登记颁证，如果存有争议，按照法律程序解决争议后，再进行确权登记颁证。

附件1：农村土地承包知识问答 及培训试题

一、农村土地承包知识问答（29题）

1. 国家实行哪种土地承包制度？

答：国家实行农村土地承包经营制度，农村土地承包采取农村集体经济组织内部的家庭承包方式，不宜采取家庭承包方式的荒山、荒沟、荒丘、荒滩等农村土地，可以采取招标、拍卖、公开协商等方式承包。国家依法保护农村土地承包关系的长期稳定。

2. 农村土地承包期限是多少？

答：耕地的承包期为30年，草地的承包期为30~50年，林地的承包期为30~70年。其他方式承包最长50年，机动地承包不超过3年。

3. 农村土地承包权属关系如何确定？

答：农村土地的发包方应当与承包方签订书面承包合同，县级以上地方人民政府应当向承包方颁发土地承包经营权证或者林权证等证书，并登记造册，确认土地承包经营权。发包方不得代保管或扣押承包方的土地承包经营权证书。

4. 承包方对土地享有什么权利？

答：国家对以家庭方式取得的土地承包经营权依法实行物权保护。承包方对承包的土地享有占有、使用、收益和承包经营权流转的权利，有权自主组织生产经营和处置产品。承包地被依法征收、征用、占用时，承包方有依法取得补偿的权利。

5. 哪些人员可以依法平等地行使承包土地的权利？

答：①本集体经济组织内出生，且户口在本集体经济组织的人员；②因合法的婚姻、收养关系，户口迁入本集体经济组织的人员；③根据国家移民政策，户口迁入本集体经济组织的人员；④户口迁入本集体经济组织并实际居住，在原居住地未取得承包地，无稳定非农职业，经本集体经济组织成员的村民会议 2/3 以上成员或者 2/3 以上村民代表同意；⑤原户口在本集体经济组织的现役义务兵、符合国家有关规定的士官以及高等院校、中等职业技术学校的在校学生；⑥原户口在本集体经济组织的服刑人员；⑦依照法律、法规和国家、省的规定，有权承包土地的其他人员。

6. 什么情况下可以进行土地调整？

答：承包期内，因自然灾害严重毁损承包地等特殊情形对个别农户之间承包耕地和草地需要适当调整的，必须经本集体经济组织成员的村民会议 2/3 以上成员或者 2/3 以上村民代表的同意，并报乡（镇）人民政府和县级人民政府农业等行政主管部门批准。承包合同中约定不得调整的，按照其约定。

7. 农村土地发包方在什么情况下可以收回承包方承包地？

答：承包期内，承包方全家迁入设区的市，转为非农业户口的，应当将承包的耕地和草地交回发包方。承包方不交回的，发包方可以收回承包的耕地和草地。

8. 承包期内，承包方家庭分户的，如何处置土地承包经营权？

答：承包期内，承包方家庭分户的，由家庭内部自行决定土地承包经营权的分割。家庭内部就土地承包经营权分割达成协议的，发包方应当尊重其协议；达不成协议的，按照承包合同纠纷解决办法处理。因离婚产生的分户，双方当事人的土地承包经营权按照离婚协议或者人民法院的判决处理。当事人因分户要求分享土地承包经营权的，发包方应当与其分别签订承包合同，并按照国家规定办理土地承包经营权证书（《农村土地承包法》没有规定承包期内分户。该解释根据《山东省实施〈农村土地承包法〉办法》解释）。

9. 二轮承包之后调整土地或新增人口的土地来源有哪些？

答：二轮承包之后调整土地或新增人口的土地来源主要是集体经济经济组织依法预留的机动地、通过依法开垦等方式增加的土地和承包方依法、自愿交回的土地。

10. 承包方土地承包经营权流转的方式有哪些？

答：通过家庭承包取得的土地承包经营权可以依法采取转包、出租、互换、转让或者其他方式流转。除承包方将土地交由他人代耕不超过一年的，可以不签订书面合同，其他流转方式，须签订书面合同。

11. 土地承包经营权流转应当遵循哪些原则？

答：土地承包经营权流转应当遵循的原则：①平等协商、自愿、有偿，任何组织和个人不得强迫或者阻碍承包方进行土地承包经营权流转；②不得改变土地所有权的性质和土地的农业用途；③流转的期限不得超过承包期的剩余期限；④受让方须有农业经营能力；⑤在同等条件下，本集体经济组织成员享有优先权。

12. 土地承包经营权流转合同一般包括哪些条款？

答：土地承包经营权流转合同一般包括：①双方当事人的姓名、住所；②流转土地的名称、坐落、面积、质量等级；③流转的期限有起止日期；④流转土地的用途；⑤双方当事人的权利和义务；⑥流转价格及支付方式；⑦违约责任。土地承包经营权流转合同应当由流转方分别报发包方和乡（镇）人民政府农村经营管理机构备案，乡（镇）人民政府农村经营管理机构应当做好合同立卷归档工作。

13. 土地承包经营权流转的收益和支付方式如何确定？

答：土地承包经营权流转的转包费、租金、转让费等，应当本着实事求是、互惠互利、平等协商的原则确定，可权是现金，可以是以实物计价、货币兑现，也可以是粮食等农产品或者双方议定的其他物品，对将土地承包经营权入股的，应当采取保底分红的方式。对流转期限超过3年的土地承包经营权流转价格的确定，应当考虑价格变化因素和承包方的土地改造投入因素，分年段确定补偿标准。流转的收益归承包方所有，任何组织和个人不得擅自截留、扣缴。按照当事人之间的约定，集中连片流转的收益由流入方与发包方统一结算的，发包方应当将流转收益如数分解发放给有关承包方。

14. 土地承包经营中发生的纠纷如何解决？

答：因土地承包经营发生纠纷的，双方当事人可以通过协商解决，也可以请求村民委员会、乡（镇）人民政府等调解解决。当事人不愿协商、调解或者协商、调解不成的，可以向农村土地承包仲裁机构申请仲裁，也可以直接向人民法院起诉。

15. 村镇规划需要调整的农户宅基地如何解决？

答：村镇规划需要调整的农户宅基地，经依法批准使用本集体经济组织农户承包地的，承包方应当服从，但集体经济组织应当在依法预留的机动地、通过依法开垦等方式增加的土地和承包方依法、自愿交回的土地中给予调整，或者通过承包户之间的互换承包地的方式解决（根据《山东省实施〈农村土地承包法〉办法》第22条解释）。

16. 集体经济组织如何预留机动地？

答：《农村土地承包法》实施前已经预留机动地的，机动地面积不得超过本集体经济组织耕地总面积的5%，不足5%的，不得增加机动地。《农村土地承包法》实施后，不得再留机动地。

17. 土地发包方在什么情况下应当承担停止侵害，返还原物、恢复原状、排除妨害、消除危险、赔偿损失等民事责任？

答：①干涉土地承包方依法享有的生产经营自主权；②违反《农村土地承包法》规定收回、调整承包地；③强迫或阻碍承包方进行土地承包经营权流转；④假借少数服从多数强迫土地承包方放弃或者变更土地承包经营权而进行土地承包经营权流转；⑤以划分"口粮田"和"责任田"等为由收回承包地搞招标承包；⑥将承包地收回抵欠款；⑦剥夺、侵害妇女依法享有的土地承包经营权；

⑧其他侵害土地承包经营权的行为。

18．国家如何保护妇女的土地承包权益？

答：农村土地承包，妇女与男子享有平等的权利。承包中应当保护妇女的合法权益，任何组织和个人不得剥夺、侵害妇女应当享有的土地承包经营权。承包期内，妇女结婚，在新居住地未取得承包地的，发包方不得收回其原承包地；妇女离婚或丧偶，仍在原居住地生活或者不在原居住地生活但在新居住地未取得承包地的，发包方不得收回其原承包地。

19．国家如何保障被征地农民和农村集体经济组织的合法权益？

答：国家将农民集体所有土地征收后，依法给予被征地农民和农村集体经济组织补偿，并建立被征地农民基本生活保障制度，保障被征地农民基本生活。

20．外出务工农民的土地承包和经营自主权如何保障？

答：对外出农民回乡务农，只要在土地二轮延包中获得了承包权，就必须将承包地还给原承包农户继续耕作。乡村组织已经将外出农民的承包地发包给别的农户耕作的，如果是短期合同，应当将承包收益支付给拥有土地承包权的农户，合同到期后，将土地还给原承包农户耕作。如果是长期合同，可以修订合同，将承包地及时还给原承包农户；或者在协商一致的基础上，通过给予或提高原承包农户补偿的方式解决。对外出农户中少数没有参加二轮延包、现在返乡要求承包土地的，要区别不同情况，通过民主协商，妥善处理。如果该农户的户口仍在农村，原则上应同意继续参加土地承包，有条件的应在机动地中调剂解决，没有机动地的可通过土地流转等办法解决。

21．对欠缴税费或土地抛荒农户收回的承包地如何解决？

答：要严格执行《农村土地承包法》的规定，任何组织和个人不能以欠缴税费和土地撂荒为由收回农户的承包地，已收回的要立即纠正，予以退还。对《农村土地承包法》实施以前收回的农户抛荒承包地，如农户要求继续承包耕作，原则上应允许继续承包耕种。如原承包土地已发包给本集体经济组织以外人员，应修订合同，将土地重新承包给原承包农户；如已分配给本集体经济组织成员，可在机动地中予以解决，没有机动地的，要帮助农户通过土地流转，获得耕地。对农户所欠税费，应列明债权债务，按照农村税费改革试点工作中清理乡村债务的有关规定妥善处理。

22. 什么情况下可以变更换发补发农村土地承包经营权证？

答：采取转让、互换方式流转土地承包经营权的，当事人可以要求办理农村土地承包经营权证变更登记。

因转让、互换以外的其他方式导致农村土地承包经营权分立、合并的，应当办理农村土地承包经营权证变更。

农村土地承包经营权证严重污损、毁坏、遗失的，承包方应向乡（镇）人民政府农村经营管理部门申请换发、补发。经乡（镇）人民政府农村经营管理部门审核后，报请原发证机关办理换发、补发手续。

23. 什么情况下应依法收回农村土地承包经营权证？

答：①承包期内，承包方全家迁入设区的市，转为非农业户口的（这是承包法的规定，根据2015年中央一号文件精神，现阶段，不得将农民进城落户与退出土地承包权、宅基地使用权、集体收益分配权向挂钩）；②承包期内，承包方提出书面申请，自愿放弃全部承包土地的；③承包土地被依法征用、占用，导致农村土地承包经营权全部丧失的；④其他收回土地承包经营权证的情形。

24. 国家机关及其工作人员有侵害土地承包经营权的行为应给予什么处罚？

答：国家机关及其工作人员有利用职权干涉农村土地承包、变更、解除承包合同，干涉承包方依法享有的生产经营自主权，或者强迫、阻碍承包方进行土地承包经营权流转等侵害土地承包经营的行为，给承包方造成损失的，应当承担损害赔偿等责任；情节严重的，由上级机关或者所在单位给予直接责任人员行政处分；构成犯罪的，依法追究刑事责任。

25. 谁是农村土地承包管理的主管部门？

答：县及以上地方人民政府农业、林业等行政主管部门分别依照各自职责，负责本行政区域内农村土地承包及承包合同管理。乡（镇）人民政府负责本行政区域内农村土地承包及承包合同管理。

26. 承包地确权登记颁证以什么为基础？

按照中办发〔2014〕61 号文件要求，承包地确权登记颁证"以现有承包台账、合同、证书为依据确认承包地归属"。省确权办在政策解释时指出："确权登记颁证以已经签订的土地承包合同、以前颁发的土地承包经营权证书及农村集体土地所有权登记颁证成果为基础"。

27. 家庭承包方的代表如何确定？

依据《农村土地承包法》、最高人民法院关于《农村土地承包纠纷案件适用法律问题的解释》（法释〔2005〕6 号）等法律法规，家庭承包方的代表人是在承包合同上签字的人或原土地承包经营权证书上记载的代表人。前两项规定的代表人死亡、丧失民事行为能力或因为其他原因无法到场确认的，由农户成员共同推选。

28. 其他方式的承包方代表如何确定？

其他方式的土地承包为个人或单位的承包。土地承包方代表是个人或单位承包的法人代表。该土地承包个人死亡或丧失民事行为能力的，依照继承法的规定，其法定继承人为承包方代表。

29. 承包户人口数量增加或减少了的要求增减承包地怎么办？

首先，《农村土地承包法》第一条规定"以家庭承包经营为基础"。第三条规定"农村土地承包采取农村集体经济组织内部的家庭承包方式"。我国农村实行的是家庭承包经营的制度不是个人承包经营。农户家庭是集体经济组织中的土地承包方，农户家庭的户主是土地承包的方的代表。农户家庭的户主代表家庭同集体经济组织形成土地承包关系后，每一个家庭成员作为土地承包家庭中的一员可以享受土地承包经营权，但是不能分割土地承包经营权。其次，《农村土地承包法》第二十七条规定"承包期内，发包方不得调整承包地。"在承包期内，不能因为家庭土地承包户中成员的增减变化（婚丧嫁娶、添丁增口等），影响家庭承包户土地承包经营权的确定和承包土地的稳定。同样，也不能因为土地承包家庭中成员的增减变化而调整承包土地的数量。再次，这次是对农户家庭同农村集体经济组织形成的土地承包关系进行进一步确权登记颁证，不是也不能在农村进行集体土地的重新调整和分配。

二、培训试题

1. 家庭承包与其他形式的承包的主要区别是什么？
2. 土地承包经营权的主要流转方式有哪些？家庭承包和其他形式的承包在流转方式上有什么不同？
3. 我国法律关于土地承包经营权的流转主体是如何规定的？
4. 土地承包经营权的流转应当遵循哪些原则？家庭承包和其他形式的承包的流转原则有何区别？
5. 土地承包经营权流转的主体条款有哪些？
6. 土地承包经营权流转后不登记是否影响该流转合同的效力？登记得法律效果是什么？
7. 承包方根据承包合同应当享有哪些权利？同时应承担哪些义务？
8. 发包方根据承包合同应当享有哪些权利？同时应承担哪些义务？
9. 发包方在土地承包经营权流转过程中能够起到何种作用？
10. 土地承包经营权流转产生争议后有哪些救济途径？

附件2：最高人民法院关于审理涉及农村土地承包经营纠纷调解仲裁案件适用法律若干问题的解释（法释〔2014〕1号）

为正确审理涉及农村土地承包经营纠纷调解仲裁案件，根据《中华人民共和国农村土地承包法》《中华人民共和国农村土地承包经营纠纷调解仲裁法》《中华人民共和国民事诉讼法》等法律的规定，结合民事审判实践，就审理涉及农村土地承包经营纠纷调解仲裁案件适用法律的若干问题，制定本解释。

第一条 农村土地承包仲裁委员会根据农村土地承包经营纠纷调解仲裁法第十八条规定，以超过申请仲裁的时效期间为由驳回申请后，当事人就同一纠纷提起诉讼的，人民法院应予受理。

第二条 当事人在收到农村土地承包仲裁委员会作出的裁决书之日起30日后或者签收农村土地承包仲裁委员会作出的调解书后，就同一纠纷向人民法院提起诉讼的，裁定不予受理；已经受理的，裁定驳回起诉。

第三条 当事人在收到农村土地承包仲裁委员会作出的裁决书之日起30日内，向人民法院提起诉讼，请求撤销仲裁裁决的，人民法院应当告知当事人就原纠纷提起诉讼。

第四条 农村土地承包仲裁委员会依法向人民法院提交当事人财产保全申请的，申请财产保全的当事人为申请人。

农村土地承包仲裁委员会应当提交下列材料。

（一）财产保全申请书；

（二）农村土地承包仲裁委员会发出的受理案件通知书；

（三）申请人的身份证明；

（四）申请保全财产的具体情况。

人民法院采取保全措施，可以责令申请人提供担保，申请人不提供担保的，裁定驳回申请。

第五条 人民法院对农村土地承包仲裁委员会提交的财产保全申请材料，应当进行审查。符合前条规定的，应予受理；申请材料不齐全或不符合规定的，人民法院应当告知农村土地承包仲裁委员会需要补齐的内容。

人民法院决定受理的，应当于 3 日内向当事人送达受理通知书并告知农村土地承包仲裁委员会。

第六条 人民法院受理财产保全申请后，应当在 10 日内作出裁定。因特殊情况需要延长的，经本院院长批准，可以延长 5 日。

人民法院接受申请后，对情况紧急的，必须在 48 小时内作出裁定；裁定采取保全措施的，应当立即开始执行。

第七条 农村土地承包经营纠纷仲裁中采取的财产保全措施，在申请保全的当事人依法提起诉讼后，自动转为诉讼中的财产保全措施，并适用《最高人民法院关于人民法院民事执行中查封、扣押、冻结财产的规定》第二十九条关于查封、扣押、冻结期限的规定。

第八条 农村土地承包仲裁委员会依法向人民法院提交当事人证据保全申请的，应当提供下列材料。

（一）证据保全申请书；

（二）农村土地承包仲裁委员会发出的受理案件通知书；

（三）申请人的身份证明；

（四）申请保全证据的具体情况。

对证据保全的具体程序事项，适用本解释第五、第六、第七条关于财产保全的规定。

第九条　农村土地承包仲裁委员会作出先行裁定后，一方当事人依法向被执行人住所地或者被执行的财产所在地基层人民法院申请执行的，人民法院应予受理和执行。

申请执行先行裁定的，应当提供以下材料。

（一）申请执行书；

（二）农村土地承包仲裁委员会作出的先行裁定书；

（三）申请执行人的身份证明；

（四）申请执行人提供的担保情况；

（五）其他应当提交的文件或证件。

第十条　当事人根据农村土地承包经营纠纷调解仲裁法第四十九条规定，向人民法院申请执行调解书、裁决书，符合《最高人民法院关于人民法院执行工作若干问题的规定（试行）》第十八条规定条件的，人民法院应予受理和执行。

第十一条　当事人因不服农村土地承包仲裁委员会作出的仲裁裁决向人民法院提起诉讼的，起诉期从其收到裁决书的次日起计算。

第十二条　本解释施行后，人民法院尚未审结的一审、二审案件适用本解释规定。本解释施行前已经作出生效裁判的案件，本解释施行后依法再审的，不适用本解释规定。

附件3：最高人民法院关于审理涉及农村土地承包纠纷案件适用法律问题的解释（法释〔2005〕6号）

根据《中华人民共和国民法通则》《中华人民共和国合同法》《中华人民共和国民事诉讼法》《中华人民共和国农村土地承包法》《中华人民共和国土地管理法》等法律的规定，结合民事审判实践，对审理涉及农村土地承包纠纷案件适用法律的若干问题解释如下。

一、受理与诉讼主体

第一条 下列涉及农村土地承包民事纠纷，人民法院应当依法受理：

（一）承包合同纠纷；

（二）承包经营权侵权纠纷；

（三）承包经营权流转纠纷；

（四）承包地征收补偿费用分配纠纷；

（五）承包经营权继承纠纷。

集体经济组织成员因未实际取得土地承包经营权提起民事诉讼的，人民法院应当告知其向有关行政主管部门申请解决。

集体经济组织成员就用于分配的土地补偿费数额提起民事诉讼的，人民法院不予受理。

第二条 当事人自愿达成书面仲裁协议的，受诉人民法院应当参照最高人民法院《关于适用〈中华人民共和国民事诉讼法〉若干问题的意见》第 145 条至第 148 条的规定处理。

当事人未达成书面仲裁协议,一方当事人向农村土地承包仲裁机构申请仲裁,另一方当事人提起诉讼的,人民法院应予受理,并书面通知仲裁机构。但另一方当事人接受仲裁管辖后又起诉的,人民法院不予受理。

当事人对仲裁裁决不服并在收到裁决书之日起三十日内提起诉讼的,人民法院应予受理。

第三条 承包合同纠纷,以发包方和承包方为当事人。

前款所称承包方是指以家庭承包方式承包本集体经济组织农村土地的农户以及以其他方式承包农村土地的单位或者个人。

第四条 农户成员为多人的,由其代表人进行诉讼。

农户代表人按照下列情形确定。

(一)土地承包经营权证等证书上记载的人;

(二)未依法登记取得土地承包经营权证等证书的,为在承包合同上签字的人;

(三)前两项规定的人死亡、丧失民事行为能力或者因其他原因无法进行诉讼的,为农户成员推选的人。

二、家庭承包纠纷案件的处理

第五条 承包合同中有关收回、调整承包地的约定违反农村土地承包法第二十六条、第二十七条、第三十条、第三十五条规定的,应当认定该约定无效。

第六条 因发包方违法收回、调整承包地,或者因发包方收回承包方弃耕、撂荒的承包地产生的纠纷,按照下列情形,分别处理。

(一)发包方未将承包地另行发包,承包方请求返还承包地的,应予支持;

（二）发包方已将承包地另行发包给第三人，承包方以发包方和第三人为共同被告，请求确认其所签订的承包合同无效、返还承包地并赔偿损失的，应予支持。但属于承包方弃耕、撂荒情形的，对其赔偿损失的诉讼请求，不予支持。

前款第（二）项所称的第三人，请求受益方补偿其在承包地上的合理投入的，应予支持。

第七条 承包合同约定或者土地承包经营权证等证书记载的承包期限短于农村土地承包法规定的期限，承包方请求延长的，应予支持。

第八条 承包方违反农村土地承包法第十七条规定，将承包地用于非农建设或者对承包地造成永久性损害，发包方请求承包方停止侵害、恢复原状或者赔偿损失的，应予支持。

第九条 发包方根据农村土地承包法第二十六条规定收回承包地前，承包方已经以转包、出租等形式将其土地承包经营权流转给第三人，且流转期限尚未届满，因流转价款收取产生的纠纷，按照下列情形，分别处理。

（一）承包方已经一次性收取了流转价款，发包方请求承包方返还剩余流转期限的流转价款的，应予支持；

（二）流转价款为分期支付，发包方请求第三人按照流转合同的约定支付流转价款的，应予支持。

第十条 承包方交回承包地不符合农村土地承包法第二十九条规定程序的，不得认定其为自愿交回。

第十一条 土地承包经营权流转中，本集体经济组织成员在流转价款、流转期限等主要内容相同的条件下主张优先权的，应予支持。但下列情形除外。

（一）在书面公示的合理期限内未提出优先权主张的；

（二）未经书面公示，在本集体经济组织以外的人开始使用承包地两个月内未提出优先权主张的。

第十二条 发包方强迫承包方将土地承包经营权流转给第三

人，承包方请求确认其与第三人签订的流转合同无效的，应予支持。

发包方阻碍承包方依法流转土地承包经营权，承包方请求排除妨碍、赔偿损失的，应予支持。

第十三条 承包方未经发包方同意，采取转让方式流转其土地承包经营权的，转让合同无效。但发包方无法定理由不同意或者拖延表态的除外。

第十四条 承包方依法采取转包、出租、互换或者其他方式流转土地承包经营权，发包方仅以该土地承包经营权流转合同未报其备案为由，请求确认合同无效的，不予支持。

第十五条 承包方以其土地承包经营权进行抵押或者抵偿债务的，应当认定无效。对因此造成的损失，当事人有过错的，应当承担相应的民事责任。

第十六条 因承包方不收取流转价款或者向对方支付费用的约定产生纠纷，当事人协商变更无法达成一致，且继续履行又显失公平的，人民法院可以根据发生变更的客观情况，按照公平原则处理。

第十七条 当事人对转包、出租地流转期限没有约定或者约定不明的，参照合同法第二百三十二条规定处理。除当事人另有约定或者属于林地承包经营外，承包地交回的时间应当在农作物收获期结束后或者下一耕种期开始前。

对提高土地生产能力的投入，对方当事人请求承包方给予相应补偿的，应予支持。

第十八条 发包方或者其他组织、个人擅自截留、扣缴承包收益或者土地承包经营权流转收益，承包方请求返还的，应予支持。发包方或者其他组织、个人主张抵消的，不予支持。

三、其他方式承包纠纷的处理

第十九条 本集体经济组织成员在承包费、承包期限等主要内容相同的条件下主张优先承包权的，应予支持。但在发包方将农村土地发包给本集体经济组织以外的单位或者个人，已经法律规定的民主议定程序通过，并由乡（镇）人民政府批准后主张优先承包权的，不予支持。

第二十条 发包方就同一土地签订2个以上承包合同，承包方均主张取得土地承包经营权的，按照下列情形，分别处理。

（一）已经依法登记的承包方，取得土地承包经营权；

（二）均未依法登记的，生效在先合同的承包方取得土地承包经营权；

（三）依前两项规定无法确定的，已经根据承包合同合法占有使用承包地的人取得土地承包经营权，但争议发生后一方强行先占承包地的行为和事实，不得作为确定土地承包经营权的依据。

第二十一条 承包方未依法登记取得土地承包经营权证等证书，即以转让、出租、入股、抵押等方式流转土地承包经营权，发包方请求确认该流转无效的，应予支持。但非因承包方原因未登记取得土地承包经营权证等证书的除外。

承包方流转土地承包经营权，除法律或者本解释有特殊规定外，按照有关家庭承包土地承包经营权流转的规定处理。

四、土地征收补偿费用分配及土地承包经营权继承纠纷的处理

第二十二条 承包地被依法征收，承包方请求发包方给付已经收到的地上附着物和青苗的补偿费的，应予支持。

承包方已将土地承包经营权以转包、出租等方式流转给第三人

的，除当事人另有约定外，青苗补偿费归实际投入人所有，地上附着物补偿费归附着物所有人所有。

第二十三条 承包地被依法征收，放弃统一安置的家庭承包方，请求发包方给付已经收到的安置补助费的，应予支持。

第二十四条 农村集体经济组织或者村民委员会、村民小组，可以依照法律规定的民主议定程序，决定在本集体经济组织内部分配已经收到的土地补偿费。征地补偿安置方案确定时已经具有本集体经济组织成员资格的人，请求支付相应份额的，应予支持。但已报全国人大常委会、国务院备案的地方性法规、自治条例和单行条例、地方政府规章对土地补偿费在农村集体经济组织内部的分配办法另有规定的除外。

第二十五条 林地家庭承包中，承包方的继承人请求在承包期内继续承包的，应予支持。

其他方式承包中，承包方的继承人或者权利义务承受者请求在承包期内继续承包的，应予支持。

五、其他规定

第二十六条 人民法院在审理涉及本解释第五条、第六条第一款第（二）项及第二款、第十六条的纠纷案件时，应当着重进行调解。必要时可以委托人民调解组织进行调解。

第二十七条 本解释自 2005 年 9 月 1 日起施行。施行后受理的第一审案件，适用本解释的规定。

施行前已经生效的司法解释与本解释不一致的，以本解释为准。

参考文献

陈卫峰，夏文顶 . 2006. 农村政策与法规 ［M］. 北京：中国农业出版社 .

郝勇，李华成 . 2016. 农村法律知识 100 问 ［M］. 北京：中国农业出版社 .

农业部农村经济体制与经营管理司 . 2009 年 . 农村土地承包工作手册 ［M］. 北京：中国农业出版社 .

王泽厚 . 2016. 农村政策法规 ［M］. 济南：山东人民出版社 .

祖彤 . 2016. 我国农村土地承包经营权制度研究 ［M］. 哈尔滨：黑龙江大学出版社 .